FORSCHUNGSBERICHTE DES LANDES NORDRHEIN-WESTFALEN

Nr. 2521

Herausgegeben im Auftrage des Ministerpräsidenten Heinz Kühn
vom Minister für Wissenschaft und Forschung Johannes Rau

Dr. -Ing. Werner Graff
Versuchsanstalt für Binnenschiffbau e.V., Duisburg

Analyse der instationären Strömungskräfte in Abhängigkeit von der Wassertiefe

159. Mitteilung der Versuchsanstalt
für Binnenschiffbau e.V., Duisburg
Institut an der Rhein.-Westf. Techn. Hochschule Aachen

Springer Fachmedien Wiesbaden GmbH

ISBN 978-3-663-06169-4   ISBN 978-3-663-07082-5 (eBook)
DOI 10.1007/978-3-663-07082-5

Inhalt

1. <u>Aufgabenstellung</u>

Die wissenschaftliche Untersuchung der Bewegungseigen-
schaften von Schiffen auf gerader und gekrümmter Bahn
hat sich bisher in erster Linie auf die Feststellung
und Beschreibung der Schiffsbahn für Bewegungszustände
gerichtet, die als annähernd stationär, also zeitunab-
hängig angesehen werden. Für die Beurteilung des
Schiffsverhaltens im Verkehr ist aber nicht nur die
Angabe solcher vorwiegend geometrischen Werte sondern
auch die Kenntnis des zeitlichen Ablaufs einer Bewegung
infolge von Ruderlageänderungen erforderlich. Hier
liegt regelmäßig eine beschleunigte oder verzögerte
Bewegung mit instationärer Strömung vor, deren kenn-
zeichnende Eigenschaften festzustellen sind.

Bei Binnenschiffen, die normalerweise in einem Fahr-
wasser von beschränkter Breite und Wassertiefe mit
hoher Verkehrsdichte fahren, müssen besonders hohe
Anforderungen an die Manövrierfähigkeit gestellt werden, um die erforderliche Verkehrssicherheit zu gewähr-
leisten. Von wesentlicher Bedeutung ist dabei die
Frage, in welcher Weise sich die an Schiffskörper und
Ruder wirkenden Kräfte und Momente in Abhängigkeit von
Wassertiefe und Geschwindigkeit ändern.

Die Versuche sollen am freifahrenden bzw. kraft- und
momentenfrei an einer Angel geführten Modell als
Schlängel-, Spiral- und Drehkreisversuche durchgeführt
werden. Dabei sollen durch Vervollkommnung und Erweiterung der bekannten Meßtechnik zusätzliche In-
formationen gewonnen werden.

Die Durchführung der Versuche mit einem freifahrenden
Modell ist aus dem Grunde gewählt worden, weil die
gleichen Versuche auch ohne weiteres mit der Großausführung durchgeführt werden können und damit ein un-
mittelbarer Vergleich zwischen Modell und Großausführung möglich ist.

2. <u>Theoretische Grundlagen</u>

Beim Ansatz der Bewegungsgleichungen des Schiffes wird
die Behandlung der Bewegung in 3 Freiheitsgraden als
wesentlich und ausreichend angesehen. Es handelt sich
um die Bewegung in einer Ebene mit zwei Translations-
bewegungen X und Y und einer Drehung ψ. Bewegungen in
den weiteren 3 Freiheitsgraden z = Tauchen, ϕ = Rollen,
θ = Stampfen sind zwar möglich in Form gedämpfter
Schwingungen, ergeben aber im Normalfall einen ver-
nachlässigbar kleinen Einfluß und werden dehalb im
allgemeinen nicht in die Betrachtung einbezogen. Da
eine Abhängigkeit der Bewegung vom Wege nicht gegeben
ist, können die Differentialgleichungen der Bewegung
auf den Geschwindigkeitskomponenten aufgebaut werden.
Dadurch ergeben sich DGL der ersten Ordnung und eine
wesentliche Vereinfachung der Behandlung. Die Bahnen
können dann durch die einfachere Integration der Geschwindigkeiten errechnet werden. Es ist bekannt, daß
die auftretenden Kräfte und Momente nicht linear von
der Geschwindigkeit abhängig sind. Mit Rücksicht darauf, daß die Lösung der Gleichungen dann nur mit
einem unverhältnismäßig großen Rechenaufwand in ge-
schlossener Form -wenn überhaupt- erfolgen kann, wird
bei den theoretischen Ansätzen meist eine Linearisierung der Kraftwerte vorgenommen, wie dies auch bei der
Behandlung von Schwingungsproblemen mit gutem Erfolg
üblich ist. Es ist auch bekannt, daß eine solche ge-
schlossene Lösung in vielen Fällen bereits eine gute
Übersicht und Aussagen über die Schiffsbewegungen
liefert, die zumindest für Teilbereiche brauchbare
Rechenwerte ergeben. Der Modellversuch ist dann eine
notwendige Ergänzung der Theorie, da aus ihm die wesentlichen Konstanten und Aussagen
über den Gültigkeitsbereich der Theorie und die erforderlichen Erweiterungen gewonnen werden können.

Die Bewegungsgleichungen werden hier in der von
Abkowitz [1] gegebenen Form mit den dort gegebenen
Annahmen für die Linearisierung angesetzt, da sie besonders klar und folgerichtig formuliert erscheinen.
Sie werden erweitert durch die Einführung einer Funktion für die Ruderwirkung und der jeweiligen Anfangsbedingungen. Bei dieser Erweiterung wird eine Lösung
des DGL-Systems durch Verwendung der Laplace-Transformation [2] am zweckmäßigsten sein. Sie bietet vor allem
die Möglichkeit einer Auflösung in Teilbereiche z.B. für
die Zeit des Ruderlegens und auch für die Erfassung ver-
schiedener Anfangsbedingungen oder Änderung der Konstanten. Dabei sind jeweils die Endwerte des zeitlich voran-
gehenden Bereichs bei dem folgenden Bereich als Anfangswerte einzuführen. Die Durchführung der Rechnung ist in
Anlage 1 für den einfachsten Fall des Ruderlegens mit
der Ruderlegezeit $t_R = 0$ gegeben. Es ergeben sich die
folgenden Gleichungen für die 3 Komponenten

$$\Delta U = \Delta U_E \left[1 - A_{1R} \cdot e^{-\frac{t}{T_1}} - B_{1R} \cdot e^{-\frac{t}{T_2}} - C_{1R} \cdot e^{-\frac{t}{T_3}} \pm \right.$$
$$\left. \pm \frac{\Delta Uo}{\Delta U_E} \left(A_{1F} e^{-\frac{t}{T_1}} + B_{1F} e^{-\frac{t}{T_2}} + C_{1F} e^{-\frac{t}{T_3}} \right) \right] \quad (1)$$

$$V = V_E \left[1 - A_{2R} e^{-\frac{t}{T_1}} - B_{2R} e^{-\frac{t}{T_2}} - C_{2R} e^{-\frac{t}{T_3}} \pm \right.$$
$$\left. \pm \frac{Vo}{V_E} \left(A_{2F} e^{-\frac{t}{T_1}} + B_{2F} e^{-\frac{t}{T_2}} + C_{2F} e^{-\frac{t}{T_3}} \right) \right] \quad (2)$$

$$\omega = \omega_E \left[1 - A_{3R} e^{-\frac{t}{T_1}} - B_{3R} e^{-\frac{t}{T_2}} - C_{3R} e^{-\frac{t}{T_3}} \pm \right.$$
$$\left. \pm \frac{\omega o}{\omega_E} \left(A_{3F} e^{-\frac{t}{T_1}} + B_{3F} e^{-\frac{t}{T_2}} + C_{3F} e^{-\frac{t}{T_3}} \right) \right] \quad (3)$$

Die Gleichungen geben getrennt den Einfluß der Ruderwirkung (Index R) und der jeweiligen Anfangsbedingung
(Index F) an. Es ist erkennbar, daß die Zeitkonstanten
T in den Exponenten bei allen Gleichungen übereinstim-
men. Die Koeffizientensummen $A_{nR} + B_{nR} + C_{nR}$ sowie
$A_{nF} + B_{nF} + C_{nF}$ müssen immer 1 sein, wie sich aus der
Anfangsbedingung für t = O ergibt.

Die hier vorliegenden Funktionen zeigen generell im
Anfang den stärksten Abfall und nähern sich asympto-
tisch dem Endwert, der von den Anfangsbedingungen unabhängig ist. Die Ermittlung der einzelnen Konstanten
ist hier schwierig, da der Verlauf sowohl durch die
unterschiedliche Größe der Exponenten T_1, T_2, T_3 wie
auch der Koeffizienten A, B, C gekennzeichnet wird.
Eine erste Annäherung läßt sich finden, indem man
prüft, ob sich der Verlauf der Kurven näherungsweise
durch eine Exponentialfunktion $e^{-t/T}$ erfassen läßt.
Für eine solche Untersuchung sind die angegebenen Ge-
schwindigkeitsfunktionen nicht gut geeignet. Die Verwendung ihrer ersten Ableitung also der Beschleunigungen ist dafür zweckmäßiger. Diese können entweder
unmittelbar experimentell oder nachträglich und weniger
genau durch Differentiation der gemessenen Geschwindigkeiten gewonnen werden.

Nach dem gegenwertigen Stand der Meßtechnik ist die
Messung von Drehgeschwindigkeit und Drehbeschleunigung
im Modell mit tragbarem Aufwand an Kosten und Gewicht
möglich. Die Geschwindigkeitsmessung ist wesentlich
schwieriger, während die Messung von Translationsbe-
schleunigungen (Trägheitsnavigation) im Modell sowohl
in Hinsicht auf Kosten und Gewichtsaufwand noch nicht
zu verwirklichen ist. Dies ist vor allem dadurch bedingt, daß die auftretenden Beschleunigungen der kom-
merziellen Schiffahrt in der Größe zwischen $10^{-3}-10^{-2}$g
liegen, also sehr klein gegenüber der Erdbeschleunigung sind. Um die bei Schiffsneigungen auftretenden
Anteile der Erdbeschleunigung klein gegenüber der
Meßgröße zu halten, müssen die Beschleunigungsmesser

auf eine Plattform aufgebaut werden, die in Grenzen
von weniger als $\pm$ 5 Bogensekunden horizontal gehalten
wird. Die hier angedeuteten Schwierigkeiten sind ein
wesentlicher Grund dafür, daß die vorliegenden Untersuchungen über Schiffsmanöver sich in überwiegendem
Maße auf die Untersuchung der Schiffsdrehung beschrän-
ken. Dieses Verfahren kann noch als zulässig angesehen
werden, solange es sich um die Bewegung des Schiffes
auf geradem Kurs mit geringen Abweichungen handelt.
Wenn aber die Bewegung auf stärker gekrümmter Bahn
- wie im Drehkreis - zu untersuchen ist, erhält die
Frage nach dem Fahrtverlust und seinem zeitlichen Verlauf zunehmende Bedeutung. Die Fachliteratur enthält
in dieser Hinsicht nur wenige Angaben über den Endwert
der Schiffsgeschwindigkeit im Beharrungszustand.

Mit Rücksicht auf die vorgenannten Grenzen der Meßtechnik werden in der vorliegenden Untersuchung
weitere Vereinfachungen in den gegebenen Grundglei-
chungen vorgenommen und in ihrer Brauchbarkeit geprüft.
Diese sollen hier für die Drehbewegung angegeben werden.
Im Prinzip sind sie in gleicher Weise auch für die Trans-
lationsgeschwindigkeit anwendbar. Nimmt man an, daß die
drei Zeitkonstanten zu einer einzigen Konstante T zu-
sammengefaßt werden können, so ergibt sich eine Gleichung die mit der von Nomoto [3] gegebenen Lösung
übereinstimmt. Für den Fall der Ruderlegezeit $t_R = 0$
(Rechteckmanöver) hat sie die Form:

$$\omega = \omega_E \left(1 - e^{-\frac{t}{T}} \right) \tag{4}$$

Um die Bedeutung der Zeitkonstanten klarzumachen sei
$t = T$, $t = 2T$, $t = 3T$ gesetzt. In die Gleichung ein-
gesetzt ergibt sich:

$$t = T \qquad \omega = \omega_E \left(1 - \frac{1}{e} \right) = 0{,}632\ \omega_E$$

$$t = 2T \qquad \omega = \omega_E \left(1 - \frac{1}{e^2} \right) = 0{,}865\ \omega_E$$

$$t = 3T \qquad \omega = \omega_E \left(1 - \frac{1}{e^3} \right) = 0{,}95\ \omega_E$$

$$t = 4T \qquad \omega \qquad \omega_E \left(1 - \frac{1}{e^4} \right) = 0{,}982\ \omega_E$$

Für t = 4T ist dementsprechend der Endwert ω_E zu
98,4% erreicht. Für praktische Zwecke ist im allgemeinen damit ein Zustand erreicht, bei dem eine
weitere Untersuchung keine wesentlichen zusätzlichen
Erkenntnisse mehr erwarten lässt. Es wird also in
erster Linie die Frage zu prüfen sein, ob in diesem
Bereich die vorgenannten Vereinfachungen zu befriedigenden Ergebnissen führen.

Für die weitere praktische Auswertung ist die Gleichung
(4) für die verschiedenen Meßgrössen (Drehbeschleuni-
gung ε, Drehgeschwindigkeit ω, Kurswinkel ψ) und die
verschiedenen Anfangsbedingungen (Ruderlegezeit t_R
und Anfangsdrehgeschwindigkeit ω_0) vervollständigt
worden. Die Gleichungen sind in Anlage 2 zusammengestellt s. a. [4,5.]

3. <u>Versuche</u>

3.1 <u>Versuchstechnik</u>

Die Versuche wurden mit einem freifahrenden Modell
durchgeführt. Dabei wurde dem Modell über eine Angel
die elektrische Antriebsleistung zugeführt und das
zum Beginn des Manövers erforderliche Ruderlegekomman-
do gegeben. Vor dem Beginn des Manövers wurde das Modell
auf Kurs geführt und die Antriebsleistung und Anlaufge-
schwindigkeit eingeregelt. Das Ruder war in Vorversuchen
in eine Lage eingestellt, in der die Ruderquerkraft O
war. Dann wurde das Modell freigegeben und fuhr zunächst eine bestimmte Zeit frei geradeaus, bevor das
Ruder gelegt wurde.

Alle Meßgeräte einschließlich des Schleifenoszillo-
graphen, auf dem die Meßwerte registriert wurden, waren
im Modell eingebaut. So konnte für die Angel ein relativ
leichtes Kabel mit wenigen Adern verwendet werden, das
die Beeinflussung der Schiffsbewegung auf ein Minimum
reduziert.

Die gewählte Versuchstechnik erfordert einen wesentlich geringeren Versuchsaufwand, als Versuche mit
einem gefesselten Modell und hat den Vorteil, daß die
Versuche in entsprechender Weise in Großausführung
durchgeführt werden können.

Es ist dabei im Modell möglich, Art und Umfang der
Messungen gegenüber der Großausführung wesentlich zu
erweitern. Gemessen wurden hier abhängig von der Zeit:

δ_R	Ruderwinkel	über Potentiometer
ψ	Kurswinkel	mit Kurskreisel und Po- tentiometer
ω	Drehgeschwindigkeit	mit Wendezeigerkreisel
ε	Drehbeschleunigung	mit Drehbeschleunigungs- messer

Q_R Ruderquerkraft   mit einer Zweikomponentenwaage

D_R Ruderwiderstand   mit Induktivgeber und
                                     Trägerfrequenzmeßbrücken

β Driftwinkel   mit einer Windfahne und
                                     Potentiometer

Die direkte Messung von Kurswinkel, Drehgeschwindigkeit und Drehbeschleunigung muß als wesentliche Vervollkommnung der Versuchstechnik angesehen werden.
Eine doppelte Differentiation des Kurswinkels ist
nicht geeignet, Ergebnisse gleicher Zuverlässigkeit
zu liefern. Bei der Drehgeschwindigkeitsmessung wurde
durch stabilisierte Spannung und genaue Frequenzkontrolle für eine Verbesserung der bei üblichen Wendezeigern gegebenen Meßgenauigkeit gesorgt. Die Drehbeschleunigung wurde bei den Schlängelversuchen mit
einer in Silikonöl schwebenden, sehr sorgfältig ausgewuchteten Drehmasse mit Induktivgebern und Trägerfrequenzmeßbrücke gemessen. Die Eigenfrequenz des
von der VBD entwickelten Gerätes liegt bei etwa 8 Hz
und reicht für die hier vorkommenden Zeitverläufe aus.
Nachteilig ist das relativ große Gewicht des Gerätes
von etwa 4o kp. Für die Drehkreisversuche wurde eine
neue Methode eingeführt, wobei zur Messung der Beschleunigung eine elektrische Differentiation des bei
der Drehgeschwindigkeitsmessung gewonnenen Wertes vorgenommen wird. Das mit integrierten Schaltkreisen gebaute Gerät hat ein außerordentlich geringes Gewicht.
Der durch die Eigenschwingungen bedingte Störpegel
ist allerdings noch recht hoch und erfordert weitere
Vervollkommnung.

Für die Messung des Driftwinkels wurde ein Flügel
nach dem Prinzip einer Windfahne verwendet. Er wurde
bei den Schlängelversuchen auf Schiffsmitte 1oo mm
(o,8T) unter dem Modell gefahren. Es muß dabei beachtet werden, daß der so gewonnene Winkel eine Strömungsrichtung angibt, die zwei Komponenten enthält.

Die eine Komponente gibt die gesuchte Schräganströmung
aus dem Driftwinkel, die zweite Komponente ist bedingt
durch die Bodenumströmung des Schiffskörpers, die sinngemäß als Randwirbel eines Tragflügels mit sehr geringer
Spannweite aufzufassen ist. Bei dem gewählten Abstand
des Flügels vom Modellboden (1oo mm = o,8 T also 8o%
der halben Spannweite) dürfte der Anteil dieser Komponente allerdings gering sein. Im vorliegenden Fall ist
eine Eichung, die grundsätzlich durch umfangreiche Rund-
laufversuche gewonnen werden könnte, nicht durchgeführt
worden. Es ist auch nicht ganz auszuschließen, daß die
Meßwerte noch durch die Wassertiefe beeinflußt werden.
Bei den Drehkreisversuchen wurde mit zwei Windfahnen
gefahren die auf o,3o3 L vor und hinter dem ⊠ angeord-
net waren. Es ergab sich dadurch die Möglichkeit, den
Drehkreisradius zu errechnen und mit Einführung der
Drehgeschwindigkeit auch die jeweils gefahrene Geschwindigkeit und den Fahrtverlust zu bestimmen.

3.2 <u>Versuchsplanung</u>

Für die Untersuchung sind die Werte für Wassertiefe,
Geschwindigkeit und Leistungsaufwand entsprechend den
normalen Betriebsbedingungen gewählt worden. Es ist
dabei zunächst auf die Einbeziehung von Extremfällen
verzichtet worden, die einen unverhältnismäßig hohen
zusätzlichen Aufwand erfordert hätte. Es erschien auch
sinnvoll, zunächst für den Normalbereich klare Erkenntnisse und Grundlagen zu erarbeiten.

Die Daten für das verwendete Modell vom Typ des Europa-
schiffes "Johann Welker" sind in der Tabelle C, Anlage 3 zusammengestellt.

Vor den eigentlichen Manövrierversuchen wurden Propulsionsversuche und einige Ruderversuche ausgeführt, die
als Grundlage für die Festlegung der Versuchsbedingun-
gen beim Manövrieren verwendet wurden. Da bei den Ma-
növern eine Korrektur für den unterschiedlichen Zähig-
keitswiderstand bei Schiff und Modell zu schwierig war,

sind alle Versuche ohne einen Korrektur-Reibungsabzug
gefahren worden. Da bei den relativ niedrigen F_n-Zahlen
(F_n = o,125 - o,17o) der Anteil des Zähigkeitswider-
stand am Gesamtwiderstand sehr hoch ist, wird auch der
Reibungsabzug sehr groß. Sein Fehlen führt zu einer
Erhöhung des Propellerschubes um ca. 4o% sowie zu
einer entsprechenden Zunahme der Propellerbelastung
und der Zusatzgeschwindigkeiten im Schraubenstrahl.
Bei dem verwendeten Dreiflächenruder (Abbildung 1) ergibt sich dadurch eine deutliche Erhöhung der Ruderwirkung für das Mittelruder. Bei den Seitenrudern läßt
sich dieser Einfluß nicht sicher festlegen, da diese
bei der Mittellage sicher außerhalb des Schraubenstrahls
liegen.

Die Versuche wurden im ersten Teil als Schlängel- und
Teilspiralversuche im großen Schlepptank auf Wasser-
tiefen ensprechend 4.o, 5.o, 7.5 und 1o m durchgeführt.
Sie umfaßten jeweils 5 Anlaufgeschwindigkeiten in einem
Bereich von 12,4 - 18,4 km/h. Der Ruderwinkelbereich
betrug 15° - $4o^O$ in Stufen von 5° nach BB und StB.

Bei den ergänzenden Teilspiralversuchen wurde zunächst
eine gewisse Drehgeschwindigkeit durch Ruderlegen ein-
geleitet und dann der Ruderwinkel wieder verringert.
Die vorher genannten Meßwerte wurden bis zum Erreichen
des Beharrungszustandes erfaßt.

Der zweite Teil der Versuche wurde als Drehkreismessung
im gleichen Ruderwinkelbereich bei 3 Wassertiefen und
4 Geschwindigkeiten durchgeführt. Dabei fuhr das Modell
aus der Anlaufstrecke in den Manövriertank. Der Drehkreis wurde soweit gefahren bis ein Beharrungszustand
erreicht war. Im allgemeinen war dafür eine Kursänderung von weniger als $18o^O$ erforderlich. Eine Fortset-
zung des Versuchs über diese Kursänderung hinaus erschien unzweckmäßig , da dann die eigenen Wellen des
Schiffes eine zusätzliche Beeinflussung ergaben, die
nicht sicher erfaßt werden konnte.

4. Versuchsergebnisse

4.1 Grundversuche

Die zur Festlegung der Bedingungen für die Manövrierversuche durchgeführten Messungen sind in der üblichen
Weise ausgewertet worden. Weil die Manövrierversuche
ohne Reibungskorrektur gefahren wurden, sind auch die
Versuche bei Geradeaufahrt unter diesen Bedingungen
ausgeführt worden. Da in dem untersuchten Geschwindig-
keitsbereich der Reibungsabzug etwa 4o% des Gesamt-
widerstandes erreicht, sind die Propellerbelastungen
und damit die Zusatzgeschwindigkeiten im Schraubenstrahl wesentlich höher als bei der Großausführung.
Die dadurch bedingten Probleme der Übertragbarkeit der
Versuche, die insbesondere die Ruderanströmung und die
Kennzahlempfindlichkeit der Ruder umfassen, sollen hier
nicht erörtert werden.

Die Auswertung der Propulsionsversuche ergab lineare
Abhängigkeit der Drehzahl von der Geschwindigkeit sowie des Schubes und Drehmomentes von n^2 bis $n = 2oS^{-1}$.
In diesem Bereich sind damit K_T und K_Q konstant. Ihre
Werte liegen für h = 4 und h = 5,o m 7% bzw. 3,5% höher
als bei h = 7,5 m und h = 1o m, wo sie sich im Rahmen
der Meßgenauigkeit nicht mehr sicher unterscheiden
lassen. Für die Beurteilung der Ruderwirkung ist die
von der Propellerbelastung abhängige Zusatzgeschwin-
digkeit im Schraubenstrahl von wesentlicher Bedeutung. Diese ist nach dem auf Grund der einfachen
Strahltheorie entwickelten Verfahren von Gutsche
[6] errechnet worden.

Es ergaben sich daraus folgende Werte für $n = 2oS^{-1}$
~ (3oo min^{-1} Großausführung)

Wassertiefe entspr. h	m	4,o	5,o	7,5	1o,o
" für Modell hm	m	0,25	0,3125	0,469 u. 0,625	
Schub	T kp	1,54	1,5o5	1,44	
$K_T = \dfrac{T}{\rho n^2 D^4}$		0,377	0,3687	o,353	
$K_Q = \dfrac{Q}{\rho n^2 D^5}$		0,0644	0,o634	0,o624	
Nachstrom $W = \dfrac{V-V_p}{V}$ aus K_T		0,556	0,53o	0,456	
$C_T = \dfrac{T}{\frac{\rho}{2}V_p^{\,2}\ \frac{\pi D^2}{4}}$		16,13	13,o9	9,34	
V_R/V_A		1,555	1,5o5	1,466	

Die hier errechneten Werte gelten nur für die Geradeausfahrt und sind deshalb als Richtwerte anzusehen.
Mit dem Rückgang der Geschwindigkeit bei Drehbewe-
gungen ist eine weitere Zunahme und Verstärkung der
Ruderwirkung zu erwarten. Diese ist sowohl durch die
Zunahme der Anströmgeschwindigkeit, als auch durch
die Änderung des Anströmwinkels bedingt. Da die Ge-
schwindigkeitskomponente aus dem Schraubenstrahl über-
wiegt, ist zu erwarten, daß der Einfluß des Driftwinkels auf die wirksamen Ruderwinkel erheblich abnimmt.
Diese Überlegungen sind für Ruder nur so weit gültig,
als sie vom Schraubenstrahl erfaßt werden. Dies trifft
für das Mittelruder in vollem Umfang zu, während die
Anströmung der beiden Seitenruder nicht genau erfaß-
bar ist. Aus den angeführten Gründen ist der Wert von
Ruderkraftmessungen bei Geradeausfahrt problematisch.
Diese Messungen geben keine sicheren Vergleichswerte
zum Verhalten der Ruder im Drehkreis. Diese können
nur aus Ruderkraftmessungen im Kreis gewonnen werden.
Aus diesem Grunde sind bei Geradeausfahrt nur einige
wenige Kraftmessungen zur Funktionserprobung der Meß-
einrichtung durchgeführt worden, auf deren Wiedergabe
hier verzichtet wird. Der Verlauf der Querkräfte ist
den Erwartungen entsprechend linear mit dem Ruderwin-
kel bis $\delta_R \leq 35^{\circ}$ mit Endwerten die etwa 8o - 1oo% des

Propellerschubes erreichen. Die Ruderwiderstände nehmen
etwa proportional dem Quadrat der Querkräfte zu und
erreichen bei den größten Ruderwinkeln Werte von etwa
3o - 5o% des Propellerschubes. Bei dieser Größenordnung
ist bereits ein deutlicher Einfluß auf den Fahrtverlust
zu erwarten.

4.2 Schlängel- und Spiralversuche

Beide Versuchsarten wurden im großen Schlepptank ausgeführt. Der Versuchsumfang war wesentlich größer als
im allgemeinen üblich. Wegen der begrenzten Tankbreite
mußte bereits nach einer Kursänderung $\psi = \pm$ 1o° ge-
stützt werden. Dabei war es durchweg möglich 3-4 Schlän-
gelmanöver nacheinander auszuführen. In den Abbildungen
2 und 3 sind zwei Schlängelversuche mit δ_R = 15° und
δ_R = 35° bis zum 2. Stützen wiedergegeben. Zunächst
soll hier der Ablauf der Bewegung grundsätzlich er-
läutert werden.

Der durch den Kurskreisel gemessene Kurs ψ gibt nicht
die Bewegungsrichtung des Schiffsschwerpunktes sondern
den Winkel der Schiffslängsachse gegenüber dem Ausgangs-
kurs an (Abb. 8). Den Driftwinkel β schließt die
Schiffslängsachse mit der Fortschrittsrichtung ein.
Daraus ist die Bahnrichtung bzw. die jeweilige Tangente an die Schwerpunktsbahn

$$\psi_{\oplus} = \psi - \beta$$

Sinngemäß wird $\psi_{\oplus}$ hier als Bahnwinkel bezeichnet. Zu
Beginn der Bewegung beim Anschwenken ist zunächst
$\beta > \psi$, der Bahnwinkel wird also zunächst negativ. Driftwinkel, Kurswinkel und Bahnwinkel sind gegeneinander
in dem gleichen Sinne phasenverschoben, wie Drehbeschleunigung, Drehgeschwindigkeit und Kurswinkel.
Nach dem Stützen fällt die Drehgeschwindigkeit ab,
geht durch O und steigt dann negativ an und erreicht
etwa mit dem folgenden Stützen einen Maximalwert der
größenordnungsmäßig mit den im Drehkreisversuch gemessenen Maximalwerten übereinstimmt. Die hier er-

reichten Drehbeiwerte sind in den Abb. 4-7 für die
verschiedenen Wassertiefen angegeben. Der Einfluß
von Geschwindigkeit und Wassertiefe ist in dem hier
untersuchten Bereich nicht deutlich ausgeprägt. Die
Drehbeschleunigung zeigt beim Anschwenken nicht den
theoretisch zu erwartenden Verlauf mit einem Maximum
am Ende des Ruderlegens und anschließendem exponentiellen Abfall, sondern einen weiteren Abstieg mit einem
Maximum vor dem Einleiten des Stützens. Nach dem Stützen tritt das folgende Maximum mit umgekehrtem Vor-
zeichen beim Ende des Stützmanövers auf. Der darauf
folgende Rückgang der Drehbeschleunigung wird aber
im Bereich kleiner positiver und negativer Driftwinkel durch ein Gebiet unterbrochen, in dem die Drehbeschleunigung etwa konstant bleibt oder sich in gerin-
gerem Maße etwa linear ändert. Daran schließt sich
bei weiterem Ansteigen des Driftwinkels wieder ein
Bereich etwa exponentiellen Abfalls bis zum Stützen an.
Die Ruderquerkräfte zeigen zunächst bis zum Ende des
Ruderlegens einen linearen Anstieg um dann wieder
stetig abzufallen. Sie sind hier als Beschleunigungs-
momente angegeben.

Ergänzend zu den Schlängelversuchen wurden Teilspiralversuche durchgeführt, bei denen dem Modell zunächst
durch einen bestimmten größeren Ruderwinkel eine Drehgeschwindigkeit aufgeprägt und dann der Ruderwinkel
verkleinert oder auf kleineren negativen Winkel eingestellt wurde. Die sich einstellende Enddrehgeschwindig-
keit wurde gemessen. Sie ist ebenfalls in den Abb.4-7
eingetragen. Bemerkenswert ist, daß bei kleinen Ruderwinkeln die Ruderquerkraft bis auf 0 im Beharrungszustand abfiel. Die Drehung stellt sich also hier auch
ohne Ruderwirkung ein, kann somit auch bei fehlendem
Ruder erwartet werden.

Die durchgeführten Versuche zeigen jedenfalls auch
ohne weitere Auswertung, daß das untersuchte Schiff bei
kleinen Ruderwinkeln und Kursabweichungen nicht kursstetig ist.

4.3 <u>Drehkreisversuche</u>

Die Drehkreisversuche hatten in erster Linie das Ziel,
den Verlauf der Schiffsbewegung vom Eingang in den Drehkreis bis zum Beharrungszustand zu erfassen. Hier ist
eine neue Methode angewandt worden, die eine Zusammenfassung aller benötigten Meßwerte in einem Meßschrieb
ermöglicht. Die geometrischen Zusammenhänge sind aus
der Abb. 8 erkennbar. Bezogen auf den Krümmungsmittel-
punkt M ist die Lage des Schiffes geometrisch festge-
legt, wenn das aus der Schiffslänge bzw. einem genügend großen Teil der Schiffslänge und dem Krümmungs-
mittelpunkt gegebene Dreieck bestimmt ist. Hier sind
die dazu erforderlichen beiden weiteren Bestimmungs-
größen durch Messung der Anströmrichtung an zwei Stellen
der Schiffslänge bestimmt worden, wobei angenommen wurde,
daß die Anströmungsrichtung mit der angeordneten Kreis-
tangente übereinstimmt. Die Meßpunkte lagen auf $\pm$ o,3 L
von der Schiffsmitte. Die Abb. 8 ist der Deutlichkeit
halber auf die Schiffsenden $\pm$ o,5 L übertragen. Durch
die Messung der Anströmwinkel β_v und β_h gegen die Schiffslängsachse an den Enden ergeben sich die Dreieckswinkel
mit mit 9o - β_v und 9o - β_h und die übrigen Stücke des
Dreiecks R_v und R_h sowie der Kreisradius R als Seiten-
halbierende (Schiffslängenhalbierende). Ferner ist auch
der Driftwinkel β bestimmbar. Es ergibt sich

$$\frac{R_v}{L} = \frac{\cos \beta_h}{\sin (\beta_v + \beta_h)} \qquad\qquad \frac{R_h}{L} = \frac{\cos \beta_v}{\sin (\beta_v + \beta_h)}$$

$$\frac{R}{L} = \frac{1}{2} \sqrt{2 \left(\frac{R_v^2}{L^2} + \frac{R_h^2}{L^2}\right) - 1}$$

$$\beta = \text{arc cos} \left(\frac{R_v}{R} \cos \beta_v\right) = \text{arc cos} \left(\frac{R_h}{R} \cos \beta_h\right)$$

Ferner ist die Schiffsgeschwindigkeit im Schwerpunkt

$$V = R \cdot \omega$$

Damit erhält man folgende Werte aus dem Versuch

$$V = f(t); \quad \omega = f(t); \quad \frac{L}{R} = f(t); \quad \beta = f(t).$$

Der Verlauf der Meßwerte ist für 2 Fahrten in den
Abb. 9 und 1o wiedergegeben.

Die Ergebnisse einer ganzen Versuchsreihe für eine
Wassertiefe und eine Geschwindigkeit mit $\pm\,\delta_R$ als
Parameter sind als Beispiel in den Abb. 11-17 wiedergegeben. Sie sind typisch für alle Versuche. Bei den
Messungen sind in den Anfangswerten häufig zeitliche
Versetzungen feststellbar, die in der Hauptsache darauf
zurückzuführen sind, daß die Anfangsbedingung $\omega = 0$
für den Beginn des Ruderlegens nicht genau erfüllt
war. Ferner sind Geschwindigkeiten und L/R-Werte im
Anfang der Bewegung unsicher, weil bei den hier auftretenden kleinen β_v und β_h-Werten die Genauigkeit
der Winkelmessung nicht befriedigend ist.

Typisch ist für alle Messungen die starke Änderung der
Bewegungsgrößen bei Beginn mit einem asymptotischen
Einlauf in den Endwert, der tendenzmäßig mit den aus
der Theorie zu erwartenden Exponentialfunktionen verträglich ist. Überraschend ist aber, daß insbesondere
bei den Drehgeschwindigkeiten, die sich aus größeren
Ruderwinkeln ergeben, zunächst ein Überschwingen bis
zu einem Maximalwert und dann ein asymptotischer Abfall auf den Beharrungswert festzustellen ist. Eine
ausgeprägte Periode für diesen Vorgang ist nicht erkennbar. Bei dem asymptotischen Verlauf ist eine Festlegung der exakten Endwerte unsicher. Für praktische
Zwecke dürfte dies aber von geringerer Bedeutung sein.
Die Maximal- und Endwerte der Drehgeschwindigkeiten
sind für die 3 untersuchten Wassertiefen in den Abb. 18
- 2o gegeben.

Die Driftwinkel zeigen bei allen Versuchen einen ste-
tigen Anstieg. Die Endwerte sind in Abb. 21 wiedergegeben. Es ist hier erkennbar, daß bei gleichem L/R die
Driftwinkel mit zunehmender Wassertiefe zunehmen. Ob
der im Bereich L/R $\approx$ o,5 angedeutete Knick in den Kurven auf eine Änderung des Strömungszustandes hinweist,
kann nicht entschieden werden, da in diesem Bereich
keine Drehstabilität vorhanden ist.

In den Abb. 22-24 sind die Fahrtverluste im Drehkreis
wiedergegeben. Die Unterschiede zwischen BB- und StB-
Drehung sind nicht deutlich ausgeprägt, lassen aber
die Tendenz eines größeren Fahrtverlustes bei BB-
Drehung erkennen. Ein Einfluß der Wassertiefe ist
nicht klar erkennbar.

Der Verlauf der Ruderquerkräfte im Drehkreis ist sehr
aufschlußreich. Die maximale Querkraft tritt erwar-
tungsgemäß am Ende des Ruderlegens auf. Dann tritt
ein Abfall ein, der jedoch nicht dem aus Fahrtverlust
und dem Driftwinkel am Hinterschiff zu erwartenden
Wert entspricht. Es ist zweifelsfrei erkennbar, daß
hier die Zusatzgeschwindigkeiten des Schraubenstrahls
und ihre Zunahme mit dem Fahrtverlust entscheidend
mitwirken. In Abb. 25 ist der prozentuale Abfall der
Querkraft in Prozent des Anfangwertes aufgetragen. Bei
kleinen Ruderwinkeln werden im Beharrungszustand die
Ruderquerkräfte Q_R = O. Man erhält dann einen Zustand
bei dem die Ruderwirkung verschwindet oder das Ruder
bremsend wirkt.

5. <u>Auswertung</u>

Es kann kein Zweifel bestehen, daß die bei den Versuchen gewonnenen Ergebnisse zum mindesten qualitativ
mit den aus der Praxis bekannten Werte gut überein-
stimmen. Ob mit Rücksicht auf den nicht genau erfaß-
ten Kennzahleinfluß der nur teilweise vom Schraubenstrahl getroffenen Ruder und der verstärkten Wirkung
des Schraubenstrahls des ohne Reibungsabzugs mit er-
höhter Belastung arbeitenden Modell-Propellers noch
eine Korrektur bei der Übertragung notwendig sein
wird, kann nur durch Großversuche festgestellt werden.
Jedenfalls ist erkennbar, daß bei kleinen Ruderwinkeln
keine eindeutige Zuordnung von Ruderwinkel und Drehgeschwindigkeit vorhanden ist. Das Modell ist nicht
kursstetig. Die Anwendung des Begriffes der Stabilität
ist in Bezug auf den Schiffskurs nicht anwendbar, da
hydrodynamisch keine Kräfte bzw. Momente
auftreten, die etwa nach einer Störung des Beharrungszustandes das Schiff auf den ursprünglichen Kurs zu-
rückführen. Eine Anwendung des Begriffes Stabilität
ist aber durchaus gerechtfertigt, wenn man ihn auf
die Drehgeschwindigkeit bezieht. Hier ist jedenfalls
bei größeren Drehgeschwindigkeiten eine echte Drehstabilität vorhanden, bei der ein eindeutiger Zusam-
menhang zwischen Ruderwinkel und Drehgeschwindigkeit
feststellbar ist, der sich nach einer äußeren Störung
etwa durch Wellen oder Wind oder andere Schiffe von
selbst wieder einstellt. Für kleine Drehgeschwindigkeiten oder Bahnkrümmungen ist eine Drehstabilität
nicht mehr gegeben. Hier ist ein labiler Zustand der
Geradeausfahrt ohne Änderung der Ruderwirkung möglich.
Bei den immer auftretenden kleinen Störungen nimmt
das Schiff eine Drehung nach BB oder StB auf, die bei
den aus der Messung festgestellten Grenzwerten $C_\omega = 0,35$
einen stabilen Beharrungszustand erreicht. Hier reicht
auch die hydrodynamische Dämpfung nicht aus, um eine

einmal bestehende Drehung abklingen zu lassen. Kennzeichnend ist die Feststellung, daß die Ruderquerkraft verschwindet oder sogar negativ wird. Bei dem Grenzwert, der sich sowohl aus den Drehgeschwindigkeitswerten (Abb. 18 - 2o) wie dem Verschwinden der Ruderquerkraft (Abb. 25) bestimmen lässt, wird erst ein drehstabiler Zustand erreicht. Der drehunstabile Bereich ist auch bei den Drehkreisversuchen eindeutig erkennbar. Er wirkt sich hier als linearer und damit ungedämpfter Anstieg der Drehgeschwindigkeit also als konstante Drehbeschleunigung aus. Die Abgrenzung kann nicht durch eine bestimmte Drehgeschwindigkeit angegeben werden. Aus den in Abb. 12 und 13 eingetragenen Querkurven gleicher Driftwinkel ist aber eindeutig erkennbar, daß der drehunstabile Bereich durch den Driftwinkel $\beta = 8^{\circ}$ gekennzeichnet ist. Diese Erkenntnis läßt sich in gleicher Weise aus den Schlängelversuchen belegen. Die bei den Versuchen festgestellte Konstanz der Drehbeschleunigung bei den maximalen Überschwingwinkeln und die Umkehr des Drehsinns liegen ebenfalls bei Werten von $\beta = 8^{\circ}$. Der drehunstabile Bereich kann damit experimentell aus Versuchen auf folgende Weise unabhängig erkannt, gemessen und gekennzeichnet werden:

a) durch konstante Drehbeschleunigung und linearen Geschwindigkeitsanstieg beim Anschwenken

b) durch einen Bereich annähernd konstanter Drehbeschleunigung und linearer Drehgeschwindigkeitsänderung beim Stützen im Schlängelversuch

c) durch Feststellung einer unteren Grenze für die Drehgeschwindigkeit beim Spiral- und Drehkreisversuch

d) durch verschwindende Ruderseitenkraft beim kleinen Ruderwinkel im Spiral- und Drehkreisversuch.

Bei den bekannt gewordenen Untersuchungen ist der Driftwinkel im allgemeinen nicht genügend beachtet und gemessen worden. Er sollte künftig stärker beachtet werden. Hier ist auch eine wertvolle Ergänzung der Erkenntnisse aus Schrägschleppversuchen bei Geradeausfahrt zu erwarten.

Die Festellung eines drehunstabilen und eines drehsta-
bilen Gebietes führt zu der Erkenntnis, daß beide
nicht mit einer einheitlichen Formel erfaßt werden
können. Im Ansatz sind zwar beide Möglichkeiten ent-
halten, erfordern aber dann den Verzicht auf eine
Linearisierung oder zum mindesten eine Auflösung der
Linearisierung in einem Polygonzug, wobei die am Ende
eines Bereichs erhaltenen Werte als Anfangswerte
für das anschließende Gebiet einzuführen sind. Es
läßt sich feststellen, daß bei einem solchen Ansatz
ein Drehgeschwindigkeitsverlauf mit Überschwingen
auftritt. Die Funktion entspricht etwa dem aus der
Schwingungslehre bekannten Ansatz für den Verlauf
einer übergedämpften Schwingung mit gegebener An-
fangsgeschwindigkeit.

Dieser Ansatz ist aber leider für eine zahlenmäßige
Auswertung, zur Bestimmung der Konstanten wenig geeignet.

Es ist nun die Frage geprüft worden, ob im drehsta-
bilen Bereich der Bewegungsverlauf in erster Näherung
durch eine Zeitkonstante beschrieben werden kann. Dies
ist durch Bestimmen der Zeitkonstanten zu prüfen. Hier-
für sind folgende Möglichkeiten gegeben.

Bei einer halblogarithmischen Auftragung der Beschleunigung ist

$$\ln\varepsilon = \frac{t}{T} + \ln C$$

und die Konstante ist aus der Neigung der Kurve bestimmbar, wenn die Kurve eine Gerade ist und damit

die Richtigkeit der Annäherung bestätigt. Bei Verwendung der Meßwerte kann man ansetzen für 2 verschiedene Zeiten $t_1 = t$, $t_2 = t + \Delta t$ und erhält

$$\frac{\varepsilon_1}{\varepsilon_2} = e^{+\frac{\Delta t}{T}}$$

$$T = \frac{\Delta t}{\ln \frac{\varepsilon_1}{\varepsilon_2}}$$

Aus den Geschwindigkeiten kann man für

$$t_1 = t \qquad t_2 = t + \Delta t \qquad t_3 = t + 2\Delta t \qquad \text{erhalten}$$

$$\frac{\omega_1 - \omega_2}{\omega_2 - \omega_3} = e^{\frac{\Delta t}{T}}$$

$$T = \frac{\Delta t}{\ln \frac{\omega_1 - \omega_2}{\omega_2 - \omega_3}}$$

Ist die im Kreis für einen Ruderwinkel auftretende Endgeschwindigkeit ω_E bekannt, so ergeben sich folgende weitere Bestimmungsmöglichkeiten aus dem Stützversuch. Für $t = t_{\ddot{u}}$ ($\omega = 0$) ist

$$\varepsilon_{\ddot{u}} = \frac{\omega_E}{T}$$

$$T = \frac{\omega_E}{\varepsilon_{\ddot{u}}}$$

und mit Verwendung der Stützzeit $t_{\ddot{u}}$ und des Überschwingwinkels $\psi_{\ddot{u}}$

$$T = \frac{\psi_{\ddot{u}} - t_{\ddot{u}} \omega_E}{\omega_0}$$

Die nach diese Möglichkeiten durchgeführte Auswertung gab keine befriedigenden Ergebnisse, weil
regelmäßig nur sehr kurze Kurvenabschnitte über
3-4s verwendet werden konnten und die Kurven regelmäßig noch kleinere überlagerte Schwingungen zeig-
ten , die nicht sicher zu eliminieren waren.

Eine gewisse Abschätzung der Größe der Zeitkonstanten kann man auch erhalten, wenn man die Zeiten bestimmt, in denen der Beharrungszustand erreicht ist.
Diese Zeit muß in der Größenordnung

$$t \approx 3\text{-}4\ T$$

liegen und ist auch für den Driftwinkel und den Geschwindigkeitsverlauf feststellbar. Um die Ergebnisse
für die einzelnen Geschwindigkeitsstufen vergleich-
bar zu machen, sind die Werte der Zeitkonstanten mit
der Schiffslängenfahrzeit $T_O = \frac{L}{V}$ dimensionslos zu
machen. Bei den vorhandenen Unsicherheiten ist ledig-
lich eine statistische Auswertung der Ergebnisse als
sinnvoll anzusehen. Diese ergab

$$\frac{T}{T_O} = 1,2$$

demgemäß ist nach etwa 4-5 Schiffslängenfahrzeiten
der Beharrungszustand vorhanden.

In der Abb. 26 sind die Kursänderungen abhängig von
L/R aufgetragen nach denen der Beharrungszustand er-
reicht ist. Es zeigt sich, daß die Kursänderung mit
L/R von etwa $7o^O$ bei L/R = o,5 auf etwa $13o^O$ bei
L/R = 2,o ansteigt.

Bei einer Auftragung des Fahrtverlustes über L/R ergeben sich sehr eindeutig Werte,die sich für die
einzelnen Wassertiefen praktisch nicht unterscheiden.
Zur Ergänzung sind noch einige bekannte Messungen
für Seeschiffe verschiedenen Typs auf unbeschränkter
Wassertiefe eingetragen, die sich gut in den Kurven-

verlauf einfügen. Da hier eine Verallgemeinerung
möglich erscheint und eine allgemeine Gesetzmäßig-
keit erwartet wird, ist versucht worden, diese
durch eine Näherungsformel zu erfassen. Man kann
annehmen, daß bei abnehmender Geschwindigkeit und
konstanter Antriebsleistung der Propellerwirkschub
bzw. seine in der Bahnrichtung wirkende Komponente
etwa konstant bleiben. Die auftretenden Querkräfte
im Kreis kann man proportional der Krümmung L/R ansetzen und die ihnen zugeordneten Zusatzwiderstände,
die als induzierte Widerstände im Sinn der Tragflü-
geltheorie angesehen werden können, sind dann proportional $(L/_R)^2$. Bei Annahme eines quadratischen
Widerstandgesetzes ist dann

$$\frac{V_E}{V_A} = \sqrt{\frac{1}{1+k\,\dfrac{L^2}{R^2}}}$$

Aus den Versuchsergebnissen ist die Konstante

$$K = 5$$

bestimmt worden. Damit ist die ausgezogene Kurve in
der Abb. 27 - 29 gezeichnet worden, die einen brauch-
baren Mittelwert der Meßergebnisse liefert und auch
allgemein anwendbar erscheint.

6. <u>Zusammenfassung</u>

1. Die Untersuchung befaßt sich mit der Erweiterung
   und Vervollständigung der Meßtechnik zur Bestimmung der Manövriereigenschaften am ungefesselt
   fahrenden Modell und der Messung dieser Eigenschaften an einem Binnenschiff vom Typ "Johann
   Welker".

2. Der Stand der linearisierten Theorie, deren Anwendung und Brauchbarkeit werden dargestellt und
   die Möglichkeit einer Anwendung auf Teilbereiche
   untersucht.

3. Durchgeführt sind Schlängelversuche auf Wassertiefen entsprechend h = 4, 5, 7,5 und 1o m bei
   5 Geschwindigkeiten mit Ruderwinkeln von 15° -
   35° BB und StB mit Stufen von je 5°. Spiralver-
   suche und Drehkreisversuche auf h = 5-7,5 - 1o m,
   4 Geschwindigkeiten und Ruderwinkel von 15°-35^oBB
   und StB.

4. Die Versuche ergeben einen drehunstabilen Bereich
   für Ruderwinkel bis etwa $\pm\ 12^o$, der einem Dreh-
   winkelbereich von etwa $\beta=\ \pm\ 8^o$ zugeordnet werden
   kann. Der Bereich kann durch folgende Kriterien
   erkannt und gekennzeichnet werden:

   a) untere Grenzen für Drehgeschwindigkeit im
      Spiralversuch
   b) verschwindende Ruderquerkraft im Beharrungs-
      zustand der Drehbewegung
   c) etwa konstante Drehbeschleunigung beim An-
      schwenken
   d) lineare und fast konstante Drehbeschleunigung
      beim Stützen im Bereich des O-Durchgangs und
      Vorzeichenwechsels der Drehgeschwindigkeit.

Die Drehkreisversuche liefern klare Aussagen für
den zeitlichen Verlauf und die Endgrößen von Drehgeschwindigkeit, Fahrtverlust und Driftwinkel sowie für die Abhängigkeit des Fahrtverlustes vom
Drehkreisradius.

Für Driftwinkel über $\pm\,8^{\circ}$ können als erste Näherung mit einer Zeitkonstanten Fahrtverlust und
Driftwinkelverlauf befriedigend dargestellt werden.
Die Drehgeschwindigkeiten zeigen zunächst ein mit
dem Ruderwinkel zunehmendes Überschwingen über den
Beharrungswert. Dieser Verlauf ist mit der Theorie
verträglich wenn man die an der Grenze des Dreh-
stabilitätsbereichs gemessenen Drehgeschwindigkeits-
werte als Anfangsbedingung in die Drehgeschwindig-
keitsgleichung einführt.

7. <u>Symbolverzeichnis</u>:

LüA	m	Schiffslänge über Alles
L_{WL}	m	Schiffslänge i.d. Was-serlinie
B	m	Schiffsbreite auf Spanten
T	m	Schiffstiefgang
V	m^3	Verdrängung
S	m^2	benetzte Oberfläche
δ	-	Völligkeitsgrad der Ver-drängung
n	s^{-1}	Propellerdrehzahl
D	m	Propellerdurchmesser
P	m	Steigung des Propellers
A_E/A_O	-	Flächenverhältnis
P/D	-	Steigungsverhältnis
Z	-	Flügelzahl
V	m/s	Schiffsgeschwindigkeit
V_A	m/s	Anfangsgeschwindigkeit
V_E	m/s	Endgeschwindigkeit im Drehkreis
h	m	Wassertiefe
$F_n = \dfrac{V}{gL}$	-	Froudesche Längenzahl
$F_{nh} = \dfrac{V}{gh}$	-	Froudesche Tiefenzahl
$w = \dfrac{V_A - V}{V_A}$	-	Nachstromziffer
T	kp	Propellerschub

$$K_T = \frac{T}{\rho n^2 D^5}$$ –   Schubbeiwert

$$K_Q = \frac{Q}{\rho n^2 D^5}$$ –   Momentenbeiwert

$$C_T = \frac{T}{\rho/_2 V^2 \frac{\pi}{4} D}$$ –   Schubbelastung

Symbol	Einheit	Bezeichnung
ψ	°	Kurswinkel
ψ_Θ	°	Bahnwinkel
V_p	m/s	Eintrittsgeschwindigkeit des Wassers in die Propellerebene
$\psi_{ü}$		Überschwingwinkel
ω	s^{-1}	Drehgeschwindigkeit
ω_A	s^{-1}	Anfangsdrehgeschwindigkeit
ω_E	s^{-1}	Enddrehgeschwindigkeit
ε	s^{-2}	Drehbeschleunigung
β	°	Driftwinkel
δ_R	°	Ruderwinkel
R	m	Drehkreisradius
$T \quad T_1, T_2, T_3$	s	Zeitkonstanten
$T_O = L/V$	s	Schiffslängenfahrzeit
$C_\omega = \omega \cdot \dfrac{L}{V_A}$	–	Drehgeschwindigkeitsbeiwert
$C_\varepsilon = \varepsilon \cdot \dfrac{L^2}{V^2}$	–	Drehbeschleunigungsbeiwert

8. <u>Literaturverzeichnis</u>:

[1] Abkowitz: Steering and Manoeuvra-
                                  bility Lectures on Ship
                                  Hydrodynamics
                                  Hydro-og Aerodynamisk La-
                                  boratorium
                                  Lyngby Rep.5 1964

[2] Doetsch, G.:   Anleitung zum praktischen
                                  Gebrauch der Laplace-
                                  Transformation
                                  Oldenbourg 1956

[3] Nomoto, K.:   Response Analysis of Ma-
                                  noeuvrability and its
                                  Application on Ship Design
                                  6oth. Anniversary Series
                                  Vol. 11/1966
                                  The Society of Naval
                                  Architects of Japan

[4] Graff, W.:   Manövrierversuche mit
                                  einem Schiffsmodell zur
                                  Festlegung der wesent-
                                  lichen Kenngrößen bei be-
                                  schleunigter und verzöger-
                                  ter Drehbewegung
                                  VBD-Bericht Nr.: 455/1967
                                  unveröffentlicht

[5] Schütz, H.:   Betrachtungen zur Anwen-
                                  dung der Manövrierkenn-
                                  werte nach Nomoto
                                  HANSA 1972 Nr.15/16 S.1364

[6] Gutsche, F.:   Die Induktion der axialen
Strahlzusatzgeschwindig-
keiten in der Umgebung
der Schraubenebene
Schiffstechnik 1955,
Heft 12/13, S. 31-35

Anlage 1.1

Der Ansatz von Abkowitz lautet mit Störfunktion $F(t)$:

$$(X_{\dot{u}} - m)\dot{u} + X_u \cdot \Delta u + X_{\dot{v}} \cdot \dot{v} + X_v \cdot v + X_{\dot{\omega}} \cdot \dot{\omega} + X_\omega \cdot \omega = F_1(t)$$

$$Y_{\dot{u}} \cdot \dot{u} + Y_u \cdot \Delta u + (Y_{\dot{v}} - m)\dot{v} + Y_v \cdot v + (Y_{\dot{\omega}} - m x_6)\dot{\omega} + (Y_\omega - m u_o)\cdot \omega = F_2(t)$$

$$(N_{\dot{u}} \cdot \dot{u} + N_u \cdot \Delta u + (N_{\dot{v}} - m x_6)\dot{v} + N_v \cdot v + (N_{\dot{\omega}} - I_z)\dot{\omega} + (N_\omega - m x_6 \cdot u_o)\omega = F_3(t)$$

Für die Laplace-Transformation werden die Gleichungen

geschrieben :

$$(a_{11} \cdot \dot{Y}_1 + b_{11} \cdot Y_1) + (a_{12} \dot{Y}_2 + b_{12} Y_2) + (a_{13} \cdot \dot{Y}_3 + b_{13} Y_3) = F_1(t)$$

$$(a_{31} \cdot \dot{Y}_1 + b_{21} \cdot Y_1) + (a_{22} \dot{Y}_3 + b_{31} Y_3) + (a_{23} \cdot \dot{Y}_3 + b_{23} Y_3) = F_2(t)$$

$$(a_{31} \cdot \dot{Y}_3 + b_{31} \cdot Y_1) + (a_{22} \cdot \dot{Y}_2 + b_{32} Y_2) + (a_{33} Y_3 + b_{33} \cdot Y_3) = F_3(t)$$

Die Übersetzung in den Bildraum hat mit der Zusammenfassung:

$$a_{iK} s + b_{iK} = P_{iN}(s)$$

die folgende Form :

$$P_{11} \cdot Y_1 + P_{12} \cdot Y_2 + P_{13} Y_3 = f_1(t) + a_{11} Y_1(o) + a_{12} Y_2(o) + a_{13} Y_3(o)$$

$$P_{21} \cdot Y_1 + P_{22} \cdot Y_2 + P_{23} Y_3 = f_2(t) + a_{21} Y_1(o) + a_{22} Y_2(o) + a_{23} Y_3(o)$$

$$P_{31} Y_1 + P_{32} Y_2 + P_{33} Y_3 = f_3(t) + a_{31} Y_1(o) + a_{32} Y_2(o) + a_{33} Y_3(o)$$

Mit der Zusammenfassung der Anfangsbedingungen :

$$a_{i1} Y_1(o) + a_{i2} Y_2(o) + a_{i3} Y_3(o) = r_i$$

ergibt sich :

$$P_{11} Y_1 + P_{12} Y_2 + P_{13} Y_3 = f_1 + r_1$$

$$P_{21} Y_1 + P_{22} Y_2 + P_{23} Y_3 = f_2 + r_2$$

$$P_{31} Y_1 + P_{32} Y_2 + P_{33} Y_3 = f_3 + r_3$$

Nach der Cramerschen Regel ergibt sich mit der

Nennerdeterminante

$$D(s) = \begin{vmatrix} P_{11} & P_{12} & P_{13} \\ P_{21} & P_{22} & P_{23} \\ P_{31} & P_{32} & P_{33} \end{vmatrix}$$

die Lösung der Gleichung im Bildraum:

$$Y_1 = \frac{1}{D} \begin{vmatrix} f_1 + r_1 & P_{12} & P_{13} \\ f_2 + r_2 & P_{22} & P_{23} \\ f_3 + r_3 & P_{32} & P_{33} \end{vmatrix} \qquad Y_2 = \frac{1}{D} \begin{vmatrix} P_{11} & f_1 + r_1 & P_{13} \\ P_{21} & f_2 + r_2 & P_{23} \\ P_{31} & f_3 + r_3 & P_{33} \end{vmatrix}$$

$$Y_3 = \frac{1}{D} \begin{vmatrix} P_{11} & P_{12} & f_1 + r_1 \\ P_{21} & P_{22} & f_2 + r_2 \\ P_{31} & P_{32} & f_3 + r_3 \end{vmatrix}$$

Die Nenner-Determinante D ist ein Polynom 3. Grades, daß sich in der Form : $(s-a)(s-b)(s-c)$ darstellen läßt. Darin sind a,b,c die Lösungen der kubischen Gleichung. a und b können konjugiert komplex oder reell sein, c ist reell. Alle 3 Werte werden hier negativ.

Die Zähler-Determinanten sind Polynome 2. Grades und haben die Form :

$$y_i = \sum (f_i + r_i) \cdot c_i + s \sum (f_i + r_i) \cdot d_i + s^2 \sum (f_i + r_i) \, e_i$$

Die Funktionen f_i kennzeichnen die Ruderwirkung und sind für die Ruderlegezeit linear zeitabhängig. Deshalb ist im folgenden eine getrennte Behandlung der Ruderwirkung $f_i(s)$ und der Anfangsbedingungen r_i notwendig.

$$y_i = \sum f_i(s) \cdot c_i + s \cdot \sum f_i(s) \cdot d_i + s^2 \sum f_i(s) \, e_i +$$
$$+ \sum r_i \, c_i + s \sum r_i \cdot d_i + s^2 \sum r_i \, e_i$$

Damit erhält die Bildfunktion die folgende Form :

$$y_i = \frac{\sum f_i \cdot c_i}{s \cdot (s-a) \cdot (s-b)(s-c)} + \frac{\sum f_i \cdot d_i + s \cdot \sum f_i \cdot e_i}{(s-a)(s-b)(s-c)}$$

$$+ \frac{\sum r_i \cdot c_i + \sum r_i \cdot d_i + \sum r_i \cdot e_i}{(s-a)(s-b)(s-c)}$$

Die Rückübertragung in den Originalraum erfolgt gliedweise entsprechend den vorliegenden tabellierten Funktionen [2] unter Trennung der Anteile aus Ruderlegen und Anfangsbedingungen. Die vor den Gleichungen stehenden Konstanten sind hier jeweils zusammengefasst. Es ergibt sich:

$$\text{Aus Ruderlegen} \qquad\qquad \text{Aus Anfangsbedingungen}$$

$$y_i = \frac{C_{fi}}{a \cdot b \cdot c}\left[1 - \frac{b \cdot c(c-b) \cdot e^{at} + a \cdot c(a-c)e^{bt} + a \cdot b(b-a) \cdot e^{ct}}{(a-b)(a-c)(b-c)}\right]$$

$$+ D_{fi}\left[\frac{(c-b)e^{at} + (a-c)e^{bt} + (b-a)e^{ct}}{(a-b)(a-c)(b-c)}\right] + C_{ri}\left[\frac{(c-b)e^{at} + (a-c)e^{bt} + (b-a)e^{ct}}{(a-b)(a-c)(b-c)}\right]$$

$$+ E_{fi}\left[\frac{a \cdot (b-c)e^{at} + b(c-a)e^{bt} + c(a-b)e^{ct}}{(a-b)(a-c)(b-c)}\right] + D_{ri}\left[\frac{a(b-c)e^{at} + b \cdot (c-a)e^{bt} + c(a-b)e^{ct}}{(a-b)(a-c)(b-c)}\right]$$

$$+ E_{ri}\left[\frac{a^2(b-c)e^{at} + b^2(c-a)e^{bt} + c^2(a-b)e^{ct}}{(a-b)(a-c)(b-c)}\right]$$

Die auftretenden e-Funktionen sind überall gleich. Die Konstanten in den einzelnen Klammerausdrücken sind ausschließlich abhängig von den Exponenten a b c. Es ist sofort erkennbar, daß für den Endzustand $t \longrightarrow \infty$ $y_i = \frac{C_{fi}}{a \cdot b \cdot c}$ ist. Für $t = 0$ hat der Bruch in der ersten und der letzten Klammer den Wert 1, während die 4 mittleren Klammerausdrücke 0 werden. Damit ergibt sich der Anfangswert: $y_i = E_{ri}$

Grundsätzlich ist erkennbar, daß die Anfangsgröße der Bewegung mit der Zeit abklingt und das Endergebnis nicht beeinflusst.

Für die 3 Komponenten der Bewegung ergeben sich bei Zusammenfassung der Klammerausdrücke die im Text gegebenen Gleichungen. Es ist erkennbar, daß sie keine brauchbare Grundlage für eine genauere Analyse geben.

Anlage 2: Formeln für die Verarbeitung der Ergebnisse von Manövrierversuchen auf der Grundlage der linearisierten Differentialgleichung: $T \cdot \dot{\omega} + \omega = K \cdot \delta_R = \omega_E$ mit Anfangsbedingungen und
Teilbereichen.

	$\dfrac{\varepsilon \cdot T}{\omega_E}$	$\dfrac{\omega}{\omega_E}$
Ruderlegen $t < t_R$	$\dfrac{T}{t_R} - e^{-\frac{t}{T}}\left[\dfrac{T}{t_R} + \dfrac{\omega_0}{\omega_E}\right]$	$e^{-\frac{t}{T}}\left[\dfrac{T}{t_R} + \dfrac{\omega_0}{\omega_E}\right] - \dfrac{T}{t_R} + \dfrac{t}{t_R}$
Ruderlegen Ende $t = t_R$	$\dfrac{T}{t_R} - e^{-\frac{t_R}{T}}\left[\dfrac{T}{t_R} + \dfrac{\omega_0}{\omega_E}\right]$	$e^{-\frac{t_R}{T}}\left[\dfrac{T}{t_R} + \dfrac{\omega_0}{\omega_E}\right] - \dfrac{T}{t_R} + 1$
Stützen $t = 2t_R$	$\dfrac{T}{t_R} - e^{-\frac{2t_R}{T}}\left[\dfrac{T}{t_R} + \dfrac{\omega_0}{\omega_E}\right]$	$e^{-\frac{2t_R}{T}}\left[\dfrac{T}{t_R} + \dfrac{\omega_0}{\omega_E}\right] - \dfrac{T}{t_R} + 2$
Sprungfunktion $t_R = 0$	$e^{-\frac{t}{T}}\left[1 - \dfrac{\omega_0}{\omega_E}\right]$	$1 - e^{-\frac{t}{T}}\left[1 - \dfrac{\omega_0}{\omega_E}\right]$
Nach Ruderlegen $t > t_R$ $\omega_0 = \omega_A$	$e^{-\frac{t}{T}}\left[\dfrac{T}{t_R}\left(e^{\frac{t_R}{T}} - 1\right) - \dfrac{\omega_0}{\omega_E}\right]$	$1 - e^{-\frac{t}{T}}\left[e^{\frac{t_R}{T}}\dfrac{T}{t_R} - \dfrac{T}{t_R} - \dfrac{\omega_0}{\omega_E}\right]$ $1 - e^{-\frac{t}{T}}\left[\left(e^{\frac{t_R}{T}} - 1\right)\dfrac{T}{t_R} - \dfrac{\omega_0}{\omega_E}\right]$
Stützen $t > 2t_R$	$e^{-\frac{t}{T}}\left[e^{\frac{2t_R}{T}}\left(\dfrac{T}{t_R} - 1\right) - \dfrac{T}{t_R} - \dfrac{\omega_0}{\omega_E}\right]$	$1 - e^{-\frac{t}{T}}\left[\left(e^{\frac{2t_R}{T}} - 1\right) - \dfrac{T}{t_R} - \dfrac{\omega_0}{\omega_E}\right]$
Überschwingwinkel ψ_{max} $t > 2t_R$ $\omega = 0$	$\varepsilon = \dfrac{\omega_E}{T}$	$e^{-\frac{t}{T}}\left[e^{\frac{2t_R}{T}}\left(\dfrac{T}{t_R} - 1\right) - \dfrac{T}{t_R} - \dfrac{\omega_0}{\omega_E}\right] = 1$ $\dfrac{t}{T} = \left[\ln e^{\frac{2t_R}{T}}\left(\dfrac{T}{t_R} - 1\right) - \dfrac{T}{t_R} - \dfrac{\omega_0}{\omega_E}\right]$

ω_O = Drehgeschwindigkeit für t = O oder Bereichsbeginn

(z.B. t = t_R); $\omega_R = \dfrac{\delta_R}{t_R}$ Ruderlegegeschwindigkeit;

$t_R = \dfrac{\delta_R}{\omega_R} = f(\delta_R)$ Ruderlegezeit; ω_E = Enddrehgeschwindig-

keit für den Beharrungszustand: t → ∞

$$\frac{\psi}{T \cdot \omega_E}$$

$$\frac{t^2}{2t_R \cdot T} - \frac{t}{t_R} + \frac{T}{t_R} + \frac{\omega_0}{\omega_E} - e^{-\frac{t}{T}}\left[\frac{T}{t_R} + \frac{\omega_0}{\omega_E}\right] = \frac{t^2}{2t_R T} - \frac{t}{t_R} + \left[\frac{T}{t_R} + \frac{\omega_0}{\omega_E}\right]\left[1 - e^{-\frac{t}{T}}\right]$$

$$\frac{t_R}{2T} - 1 + \frac{T}{t_R} + \frac{\omega_0}{\omega_E} - e^{-\frac{t_R}{T}}\left[\frac{T}{t_R} + \frac{\omega_0}{\omega_E}\right] = \frac{t_R}{2T} - 1 + \left[\frac{T}{t_R} + \frac{\omega_0}{\omega_E}\right]\left[1 - e^{-\frac{t_R}{T}}\right]$$

$$\frac{t_R}{T} - 2 + \frac{T}{t_R} + \frac{\omega_0}{\omega_E} - e^{-\frac{2t_R}{T}}\left[\frac{T}{t_R} + \frac{\omega_0}{\omega_E}\right] = \frac{t_R}{T} - 2 + \left[\frac{T}{t_R} + \frac{\omega_0}{\omega_E}\right]\left[1 - e^{-\frac{2t_R}{T}}\right]$$

$$\frac{t}{T} - 1 + \frac{\omega_0}{\omega_E} + e^{-\frac{t}{T}}\left[1 - \frac{\omega_0}{\omega_E}\right]$$

$$\frac{t}{T} + \left[e^{-\frac{t}{T}} - 1\right]\left[1 - \frac{\omega_0}{\omega_E}\right]$$

$$\frac{t - \frac{t_R}{2}}{T} - 1 + \frac{\omega_0}{\omega_E} + e^{-\frac{t}{T}}\left[\frac{T}{t_R}\, e^{\frac{t_R}{T}} - \frac{T}{t_R} - \frac{\omega_0}{\omega_E}\right]$$

$$\frac{t}{T} - 1 + \frac{\omega_0}{\omega_E} + e^{-\frac{t}{T}}\left[e^{\frac{2t_R}{T}}\left(\frac{T}{t_R} - 1\right) - \frac{T}{t_R} - \frac{\omega_0}{\omega_E}\right]$$

$$-\frac{t}{T} + \frac{\omega_0}{\omega_E}$$

$$\ln\left[e^{\frac{2t_R}{T}}\left(\frac{T}{t_R} - 1\right) - \frac{T}{t_R} - \frac{\omega_0}{\omega_E}\right] + \frac{\omega_0}{\omega_E}$$

Tabelle I

Schiffs- und Modelldaten für "Johann Welker"

Modellmaßstab $\lambda = 16$

			Schiff	Modell
Länge über Alles	L_{nA}	m	8o,o	5,oo
Länge in der WL	L_{WL}	m	79,2o	4,95
Breite auf Spanten	B	m	9,46	0,591
Tiefgang	T	m	2,oo	0,125
Verdrängung	V	m^3	1287,oo	314,oo
benetzte Oberfläche	S	m^2	129,3	3,63
Völligkeit	δ	-	0,859	0,859

Propeller Typ Wageningen

			Schiff	Modell
Durchmesser	D	m	1,6o	0,1oo
Steigung	P	m	1,68	0,1o5
Steigungsverhältnis	P/D	-	1,o5	1,o5
Flächenverhältnis			0,60	0,6
Flügelzahl	2		4,o	4,o
Drehsinn				

Ruder: Dreiflächenruder

			Schiff	Modell
Ruderfläche gesamt	m^2		6,53	0,o255
Mittelruderfläche	m^2		1,67	0,oo66
Seitenruderfläche	m^2		2,43	0,oo94
Ruderprofil Mittelruder			symmetrisch	
Seitenruder			symmetrisch	
Flächenverhältnis $\dfrac{F_R}{L.T}$	T=2,o m		4,125	4,125
Abstand der Ruderachsen	m		1,o4	0,o65

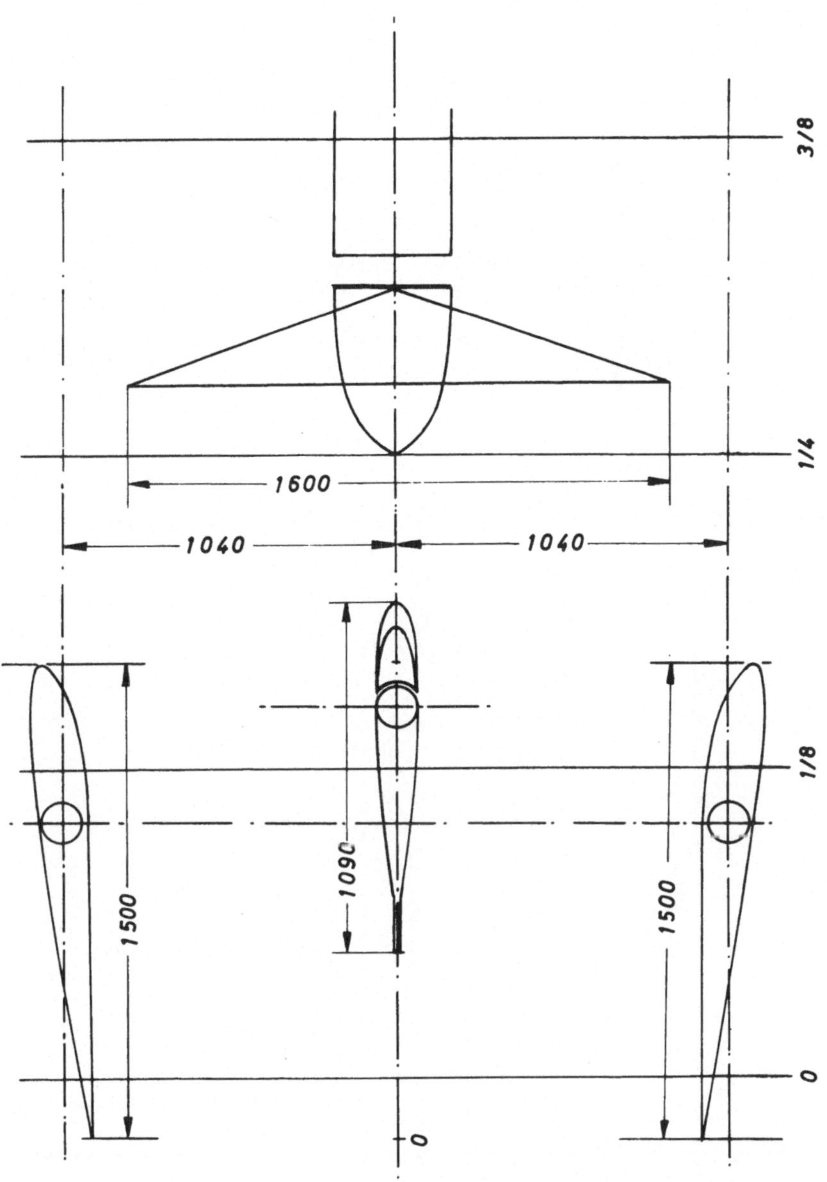

Abb. 1: Ruderanordnung "Johann Welker", Spantabstand 7,92 m

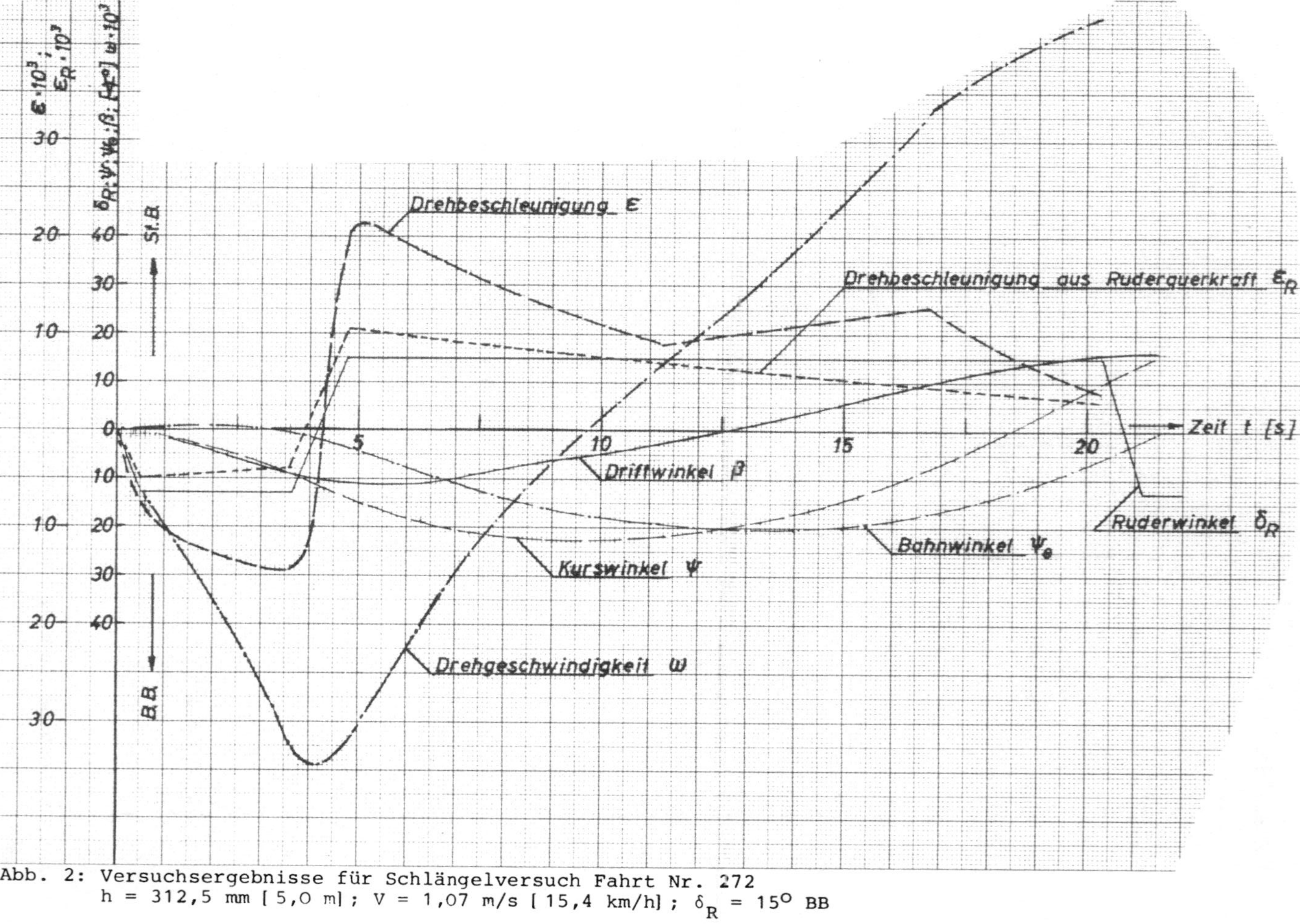

Abb. 2: Versuchsergebnisse für Schlängelversuch Fahrt Nr. 272
h = 312,5 mm [5,0 m]; V = 1,07 m/s [15,4 km/h]; δ_R = 15° BB

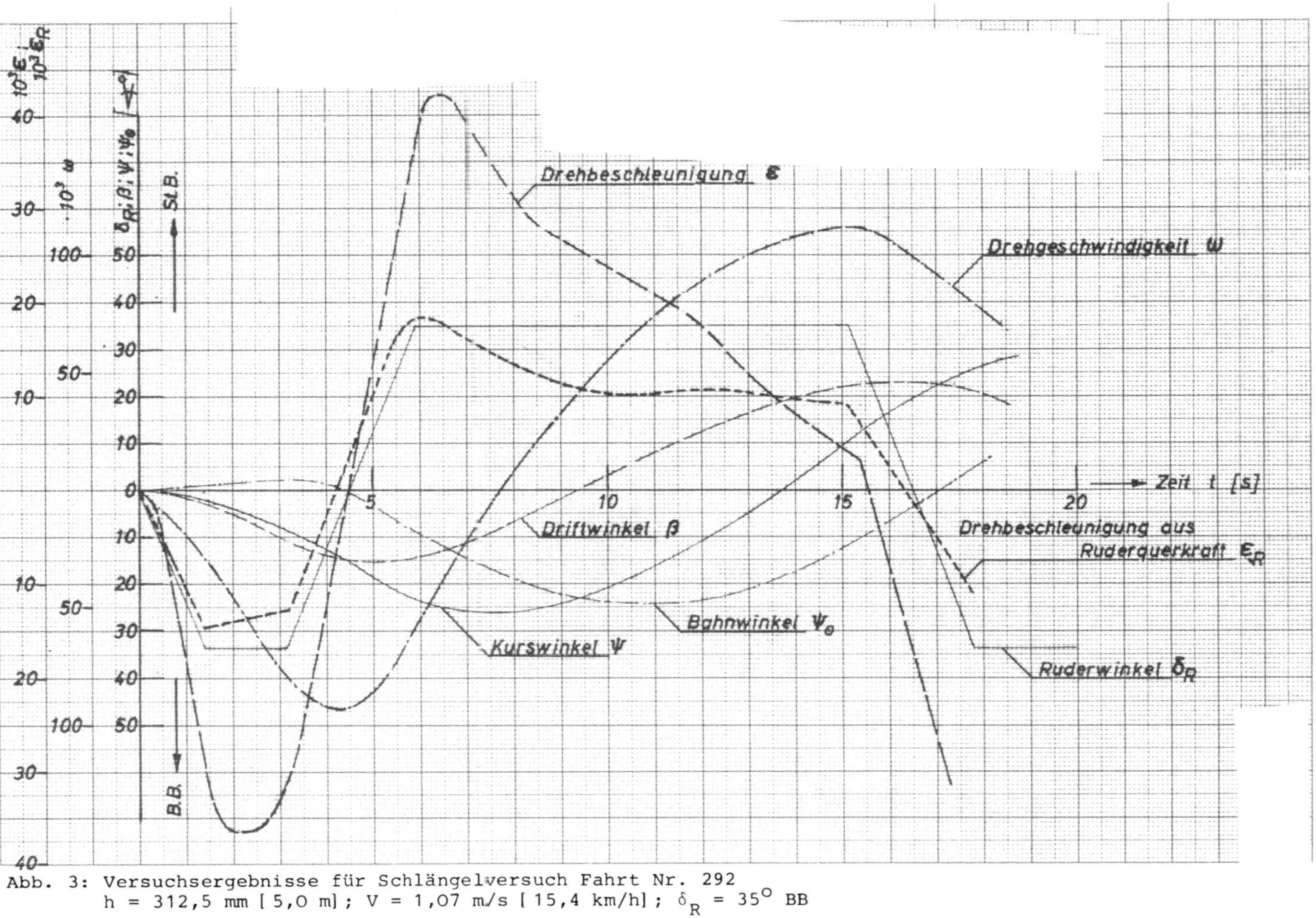

Abb. 3: Versuchsergebnisse für Schlängelversuch Fahrt Nr. 292
$h = 312{,}5$ mm [5,0 m]; $V = 1{,}07$ m/s [15,4 km/h]; $\delta_R = 35°$ BB

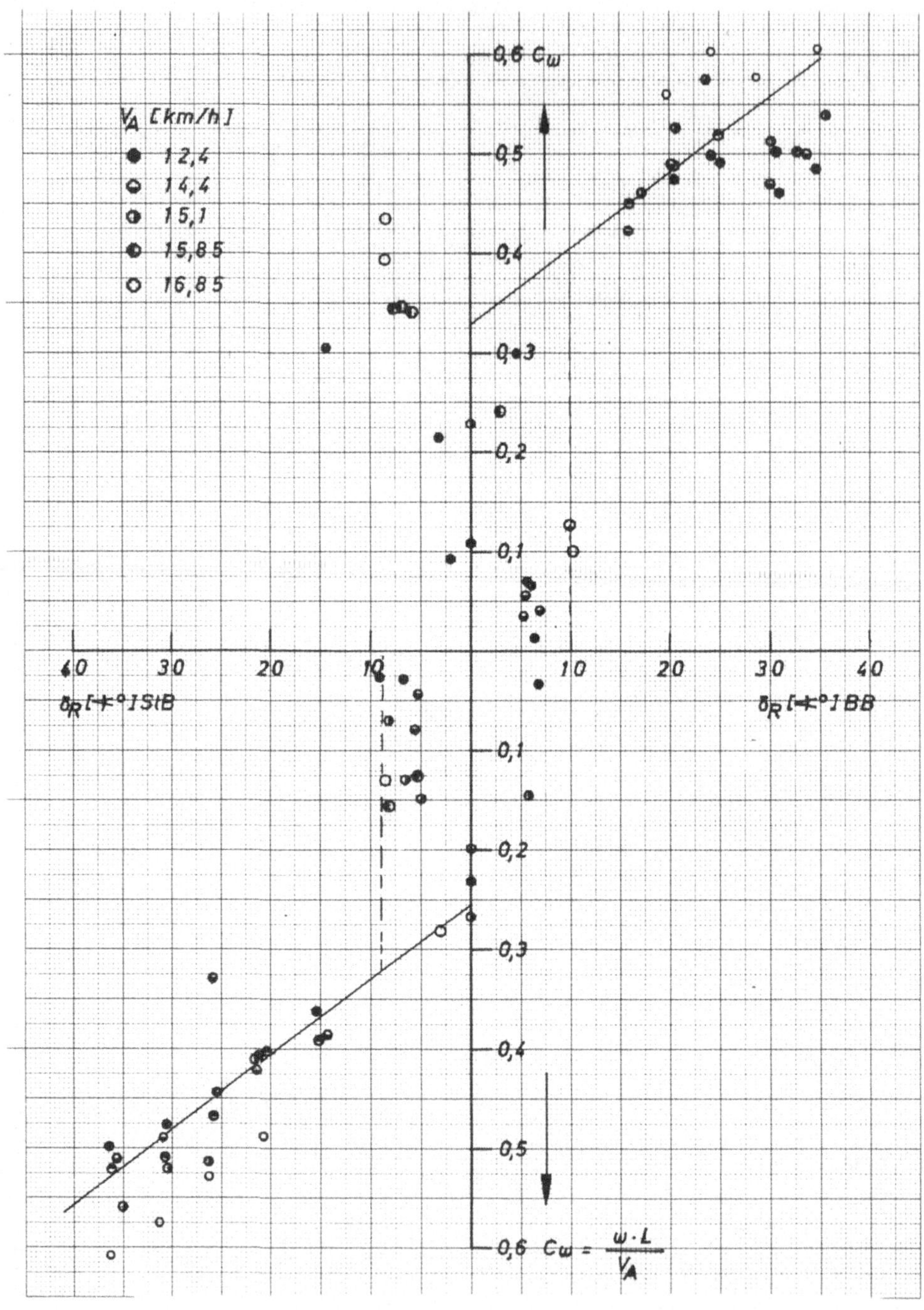

Abb. 4: Drehgeschwindigkeit beim Schlängelversuch am Ende des
ersten Stützens; h = 4,0 m

44

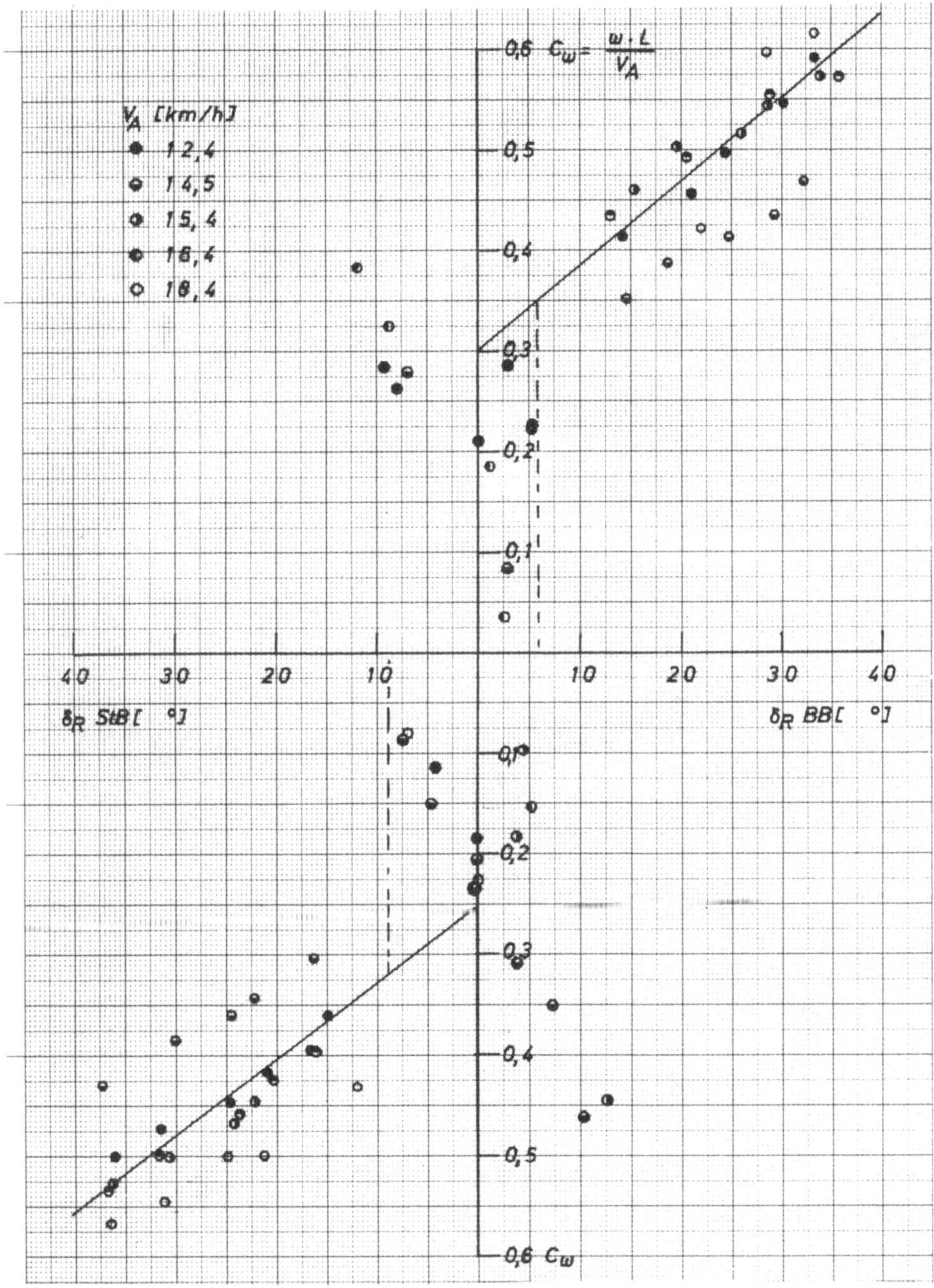

Abb. 5: Drehgeschwindigkeit beim Schlängelversuch am Ende des
ersten Stützens; h = 5,0 m

45

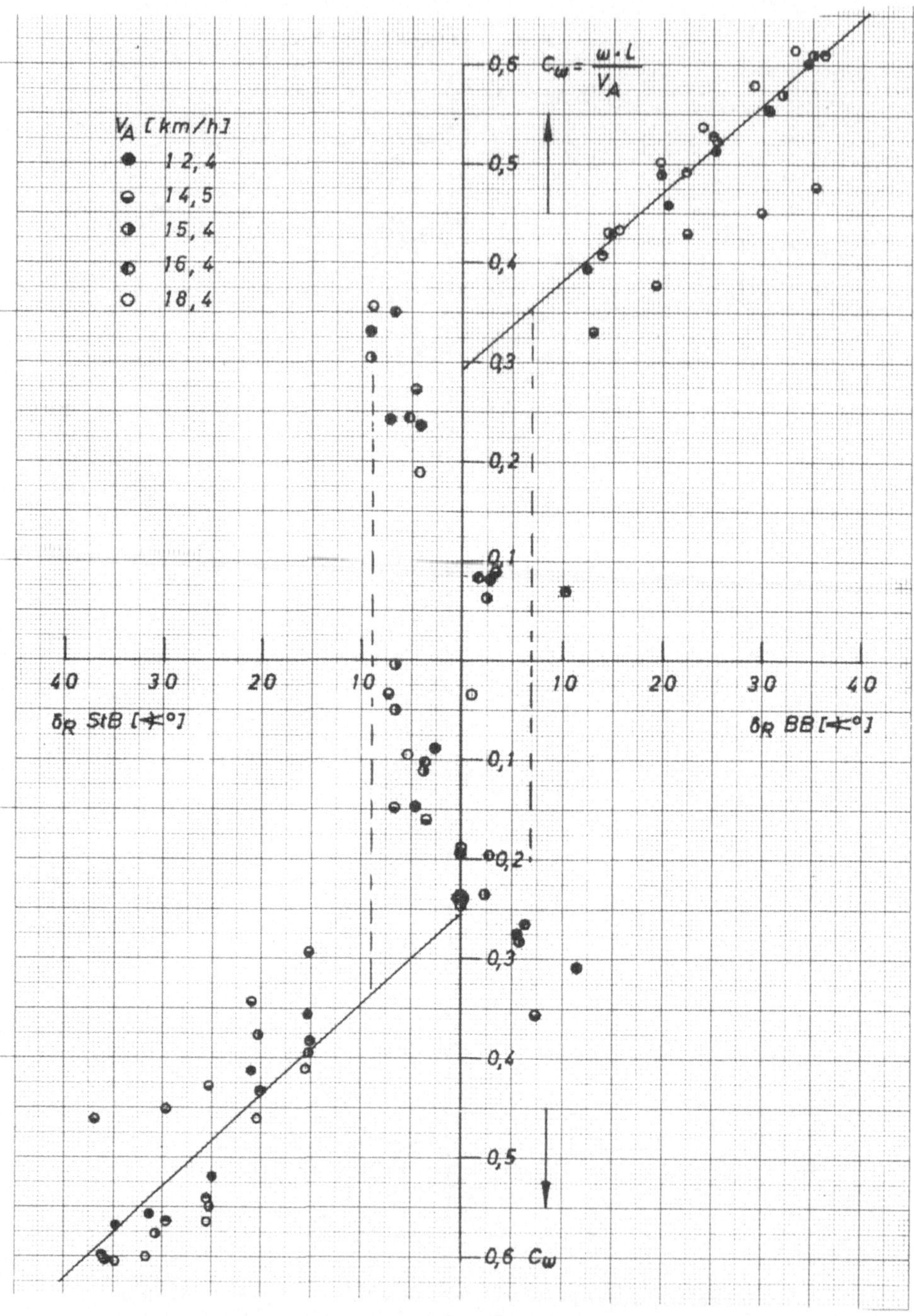

Abb. 6: Drehgeschwindigkeit beim Schlängelversuch am Ende des
ersten Stützens; h = 7,5 m

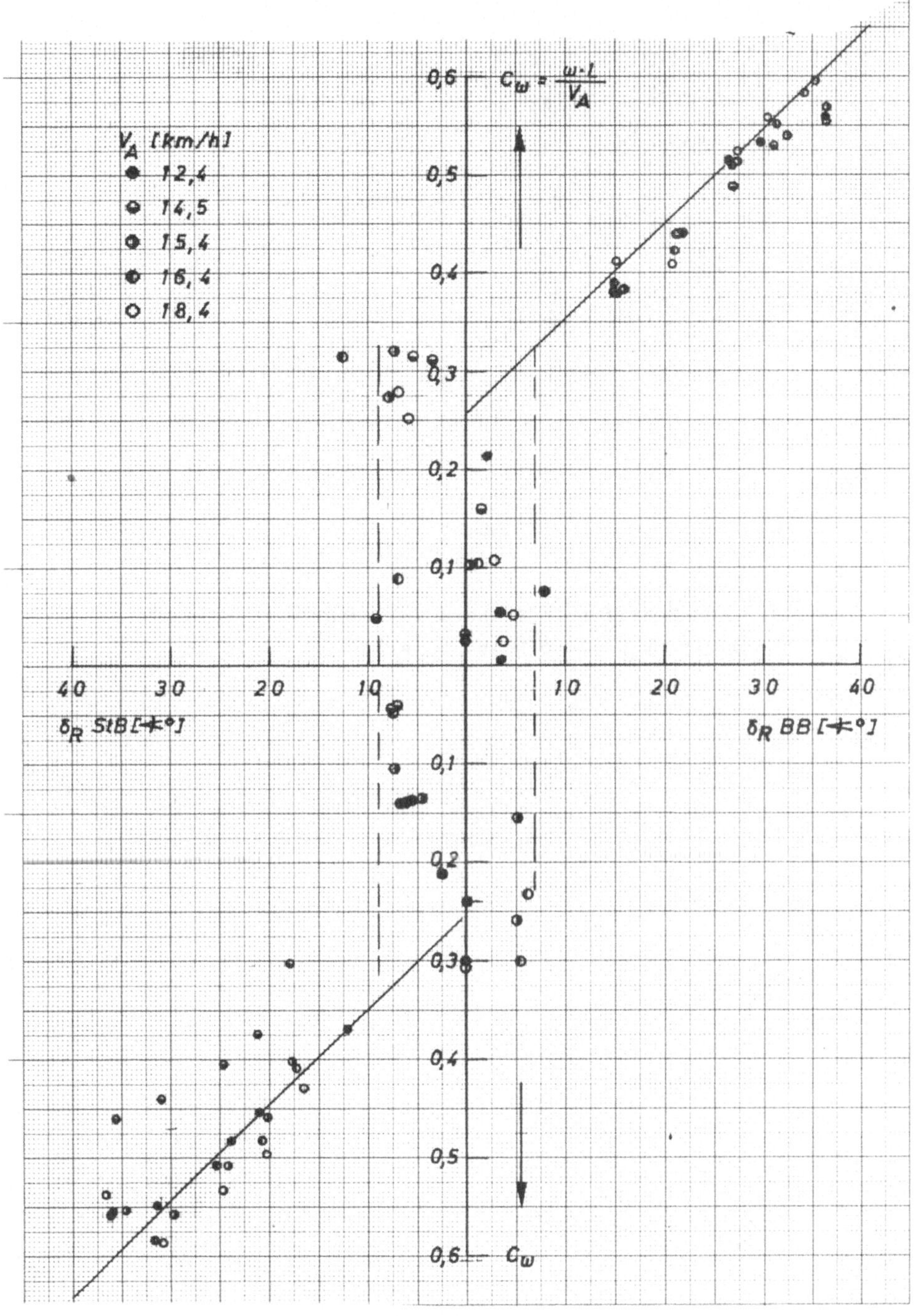

Abb. 7: Drehgeschwindigkeit beim Schlängelversuch am Ende des
ersten Stützens; h = 10,0 m

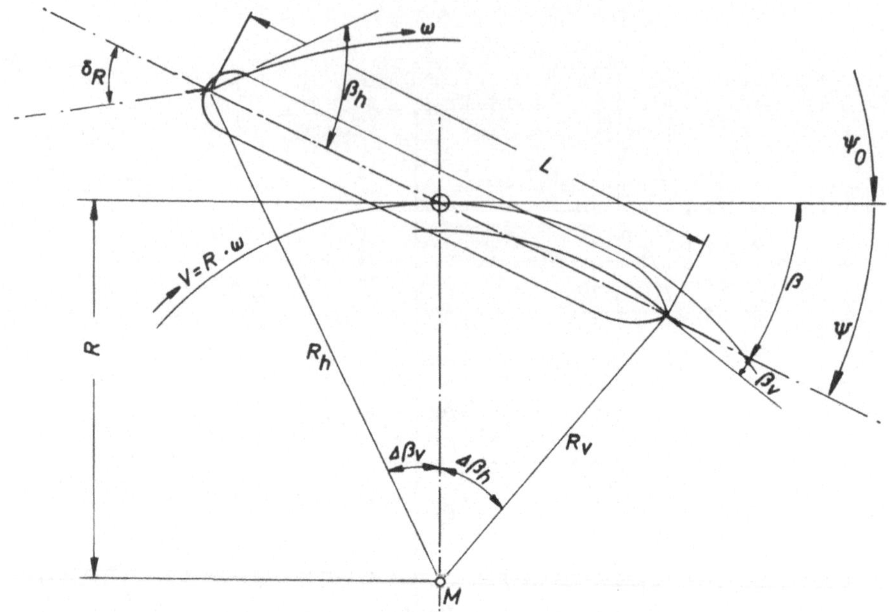

Abb. 8: Lage des Schiffes im Drehkreis; "Beharrungszustand"

$h = 5{,}0$ m; $V_A = 14{,}5$ km/h; $\delta_R = 25^O$; $\dfrac{L}{R} = 1{,}32$

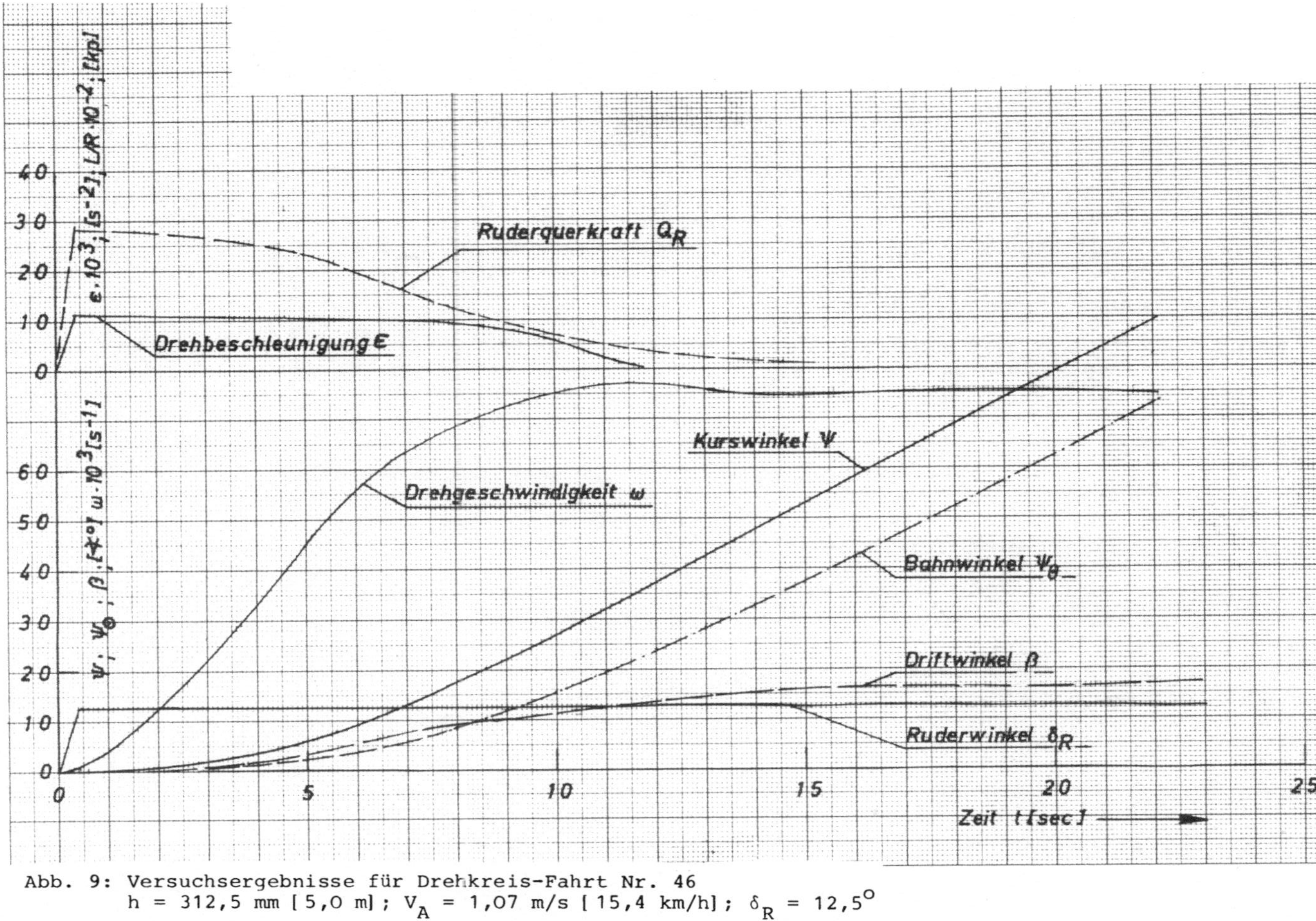

Abb. 9: Versuchsergebnisse für Drehkreis-Fahrt Nr. 46
h = 312,5 mm [5,0 m]; V_A = 1,07 m/s [15,4 km/h]; δ_R = 12,5°

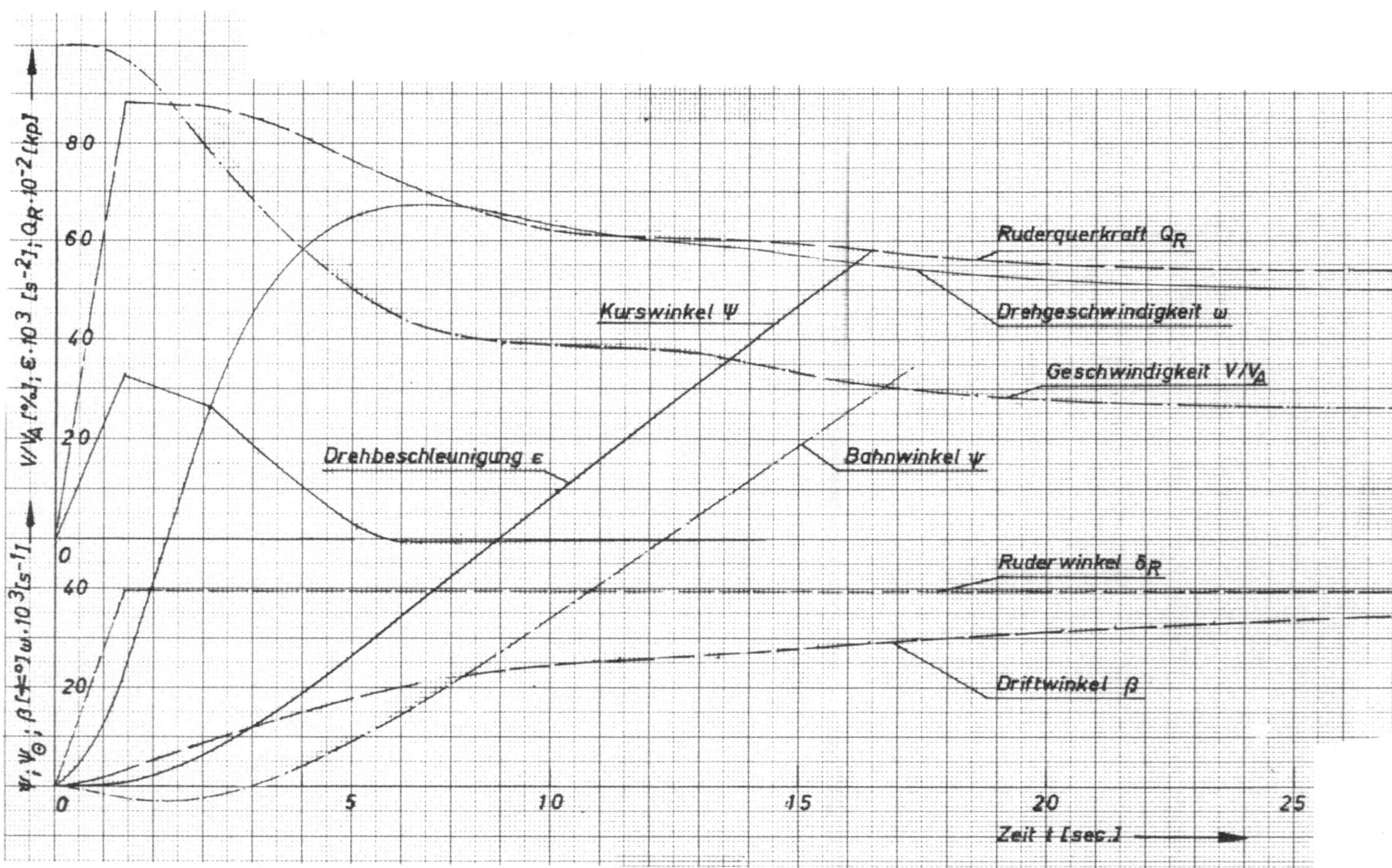

Abb. 10: Versuchsergebnisse für Drehkreis-Fahrt Nr. 51
h = 312,5 mm [5,0 m]; V = 1,07 m/s [15,4 km/h]; $\delta_R = 40^o$

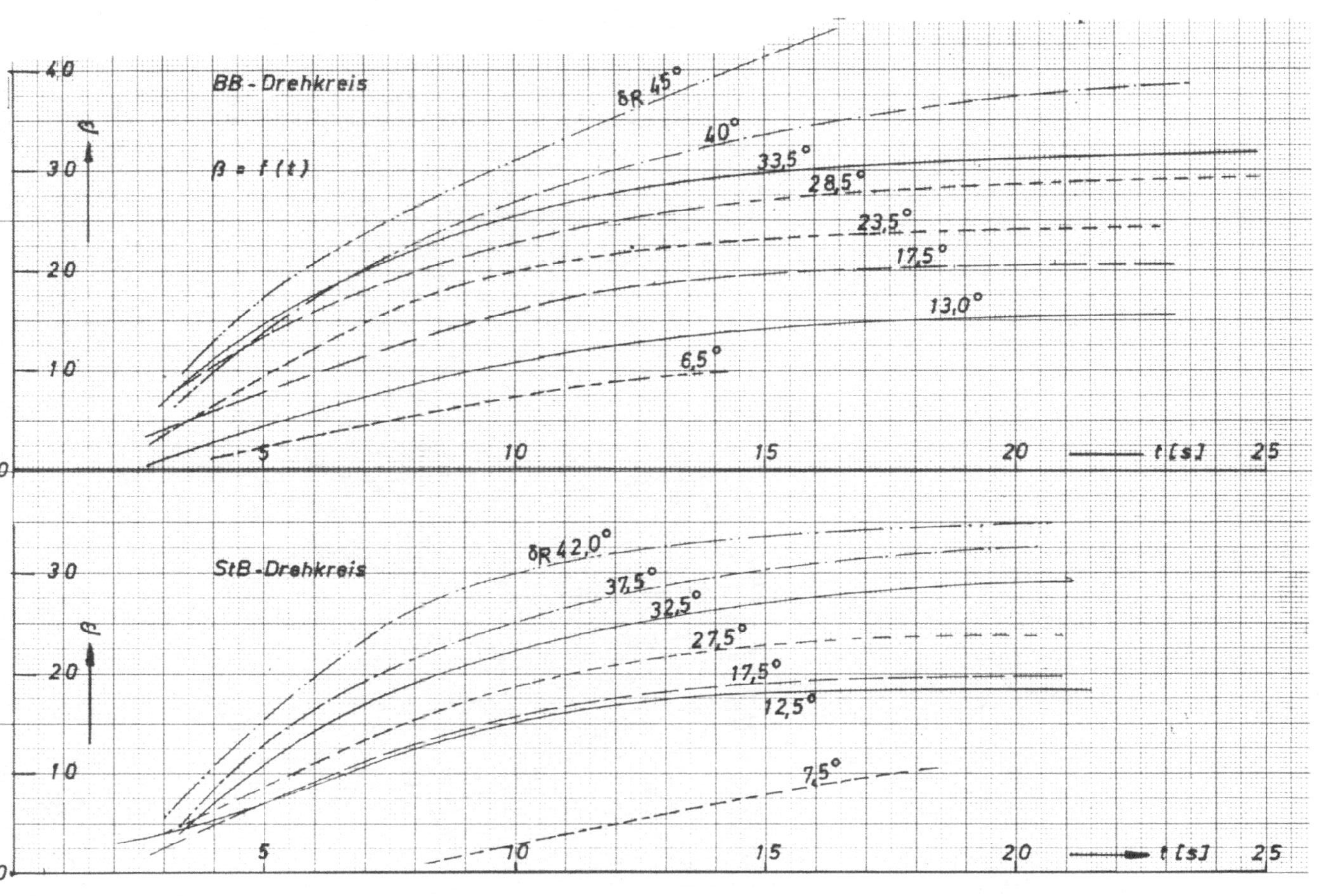

Abb. 11: Verlauf der Driftwinkel im Drehkreis
h = 10,0 m; V = 1,07 m/s

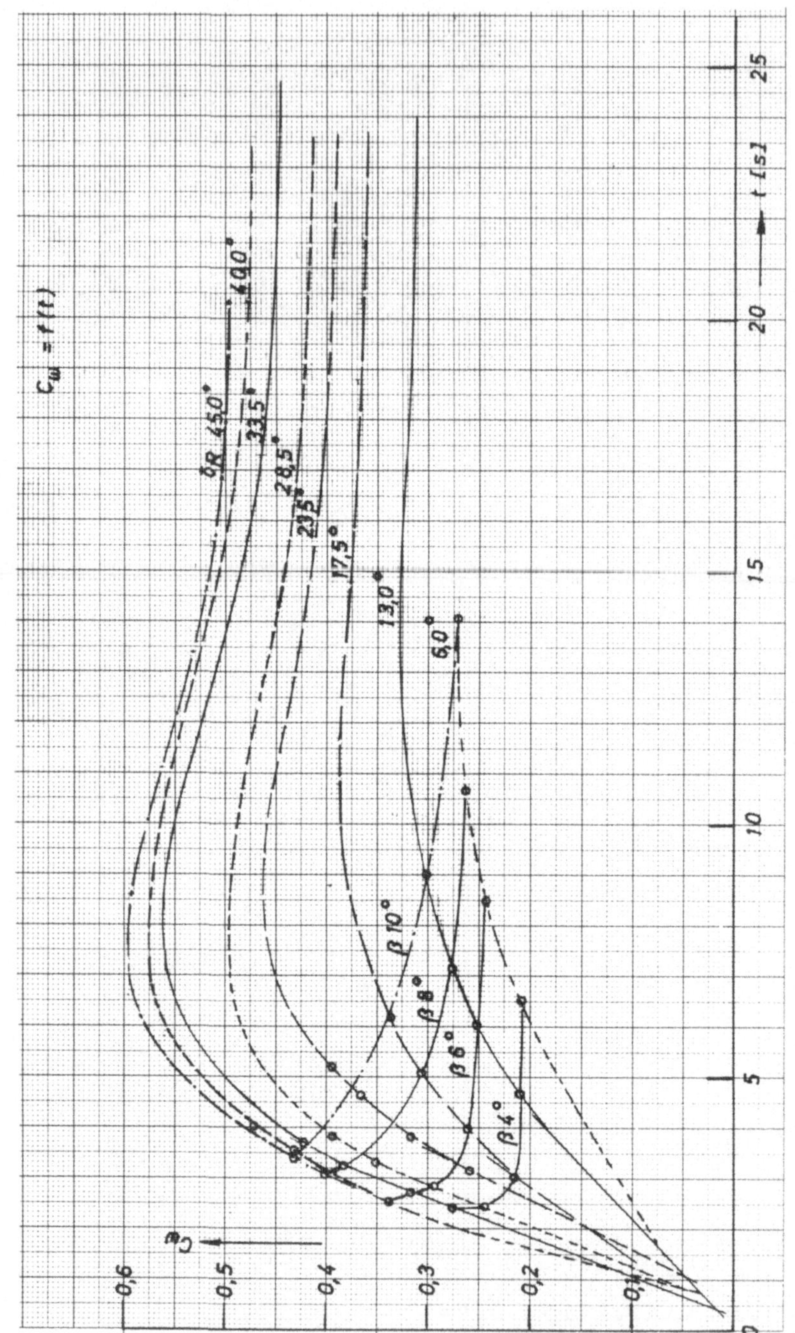

Abb. 12: Verlauf der Drehgeschwindigkeit im BB-Drehkreis
h = 10,0 m; V = 1,07 m/s

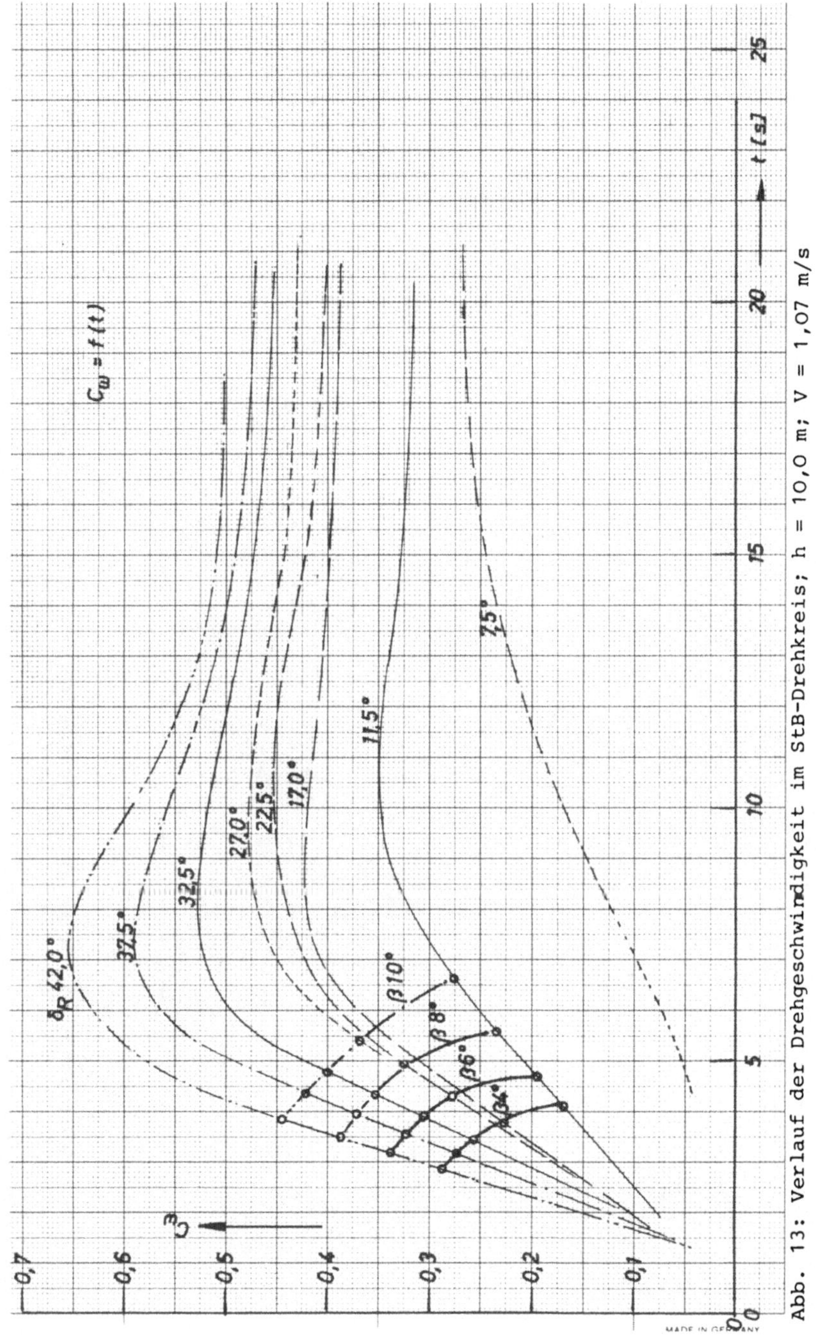

Abb. 13: Verlauf der Drehgeschwindigkeit im StB-Drehkreis; h = 10,0 m; V = 1,07 m/s

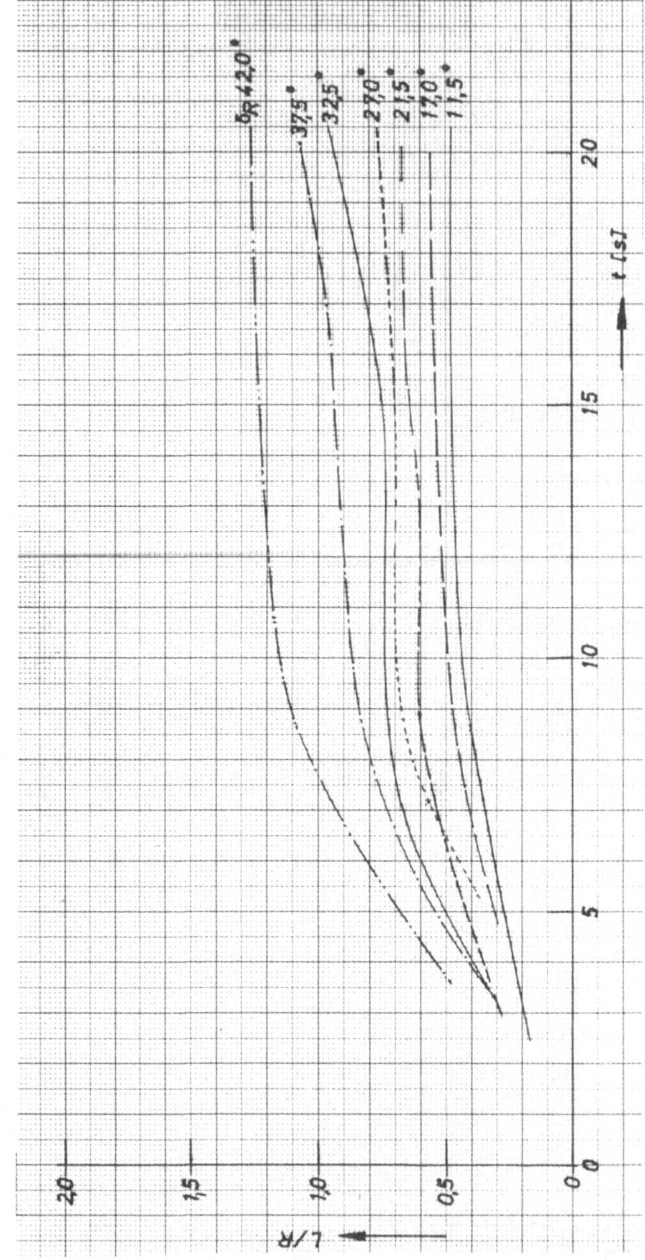

Abb. 14: Ausbildung der Drehkreiskrümmung $\frac{L}{R}$ mit der Zeit, StB-Drehkreis; h = 10,0 m; V = 15,4 km/h

54

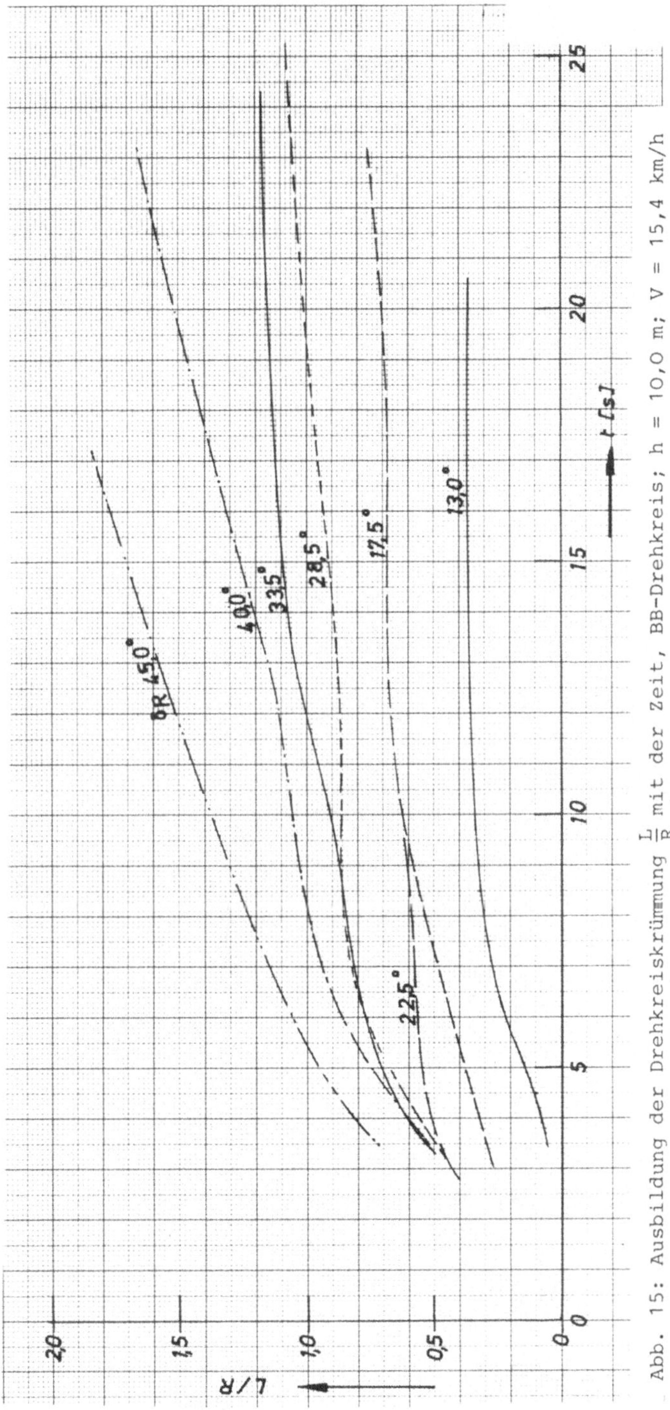

Abb. 15: Ausbildung der Drehkreiskrümmung $\frac{L}{R}$ mit der Zeit, BB-Drehkreis; h = 10,0 m; V = 15,4 km/h

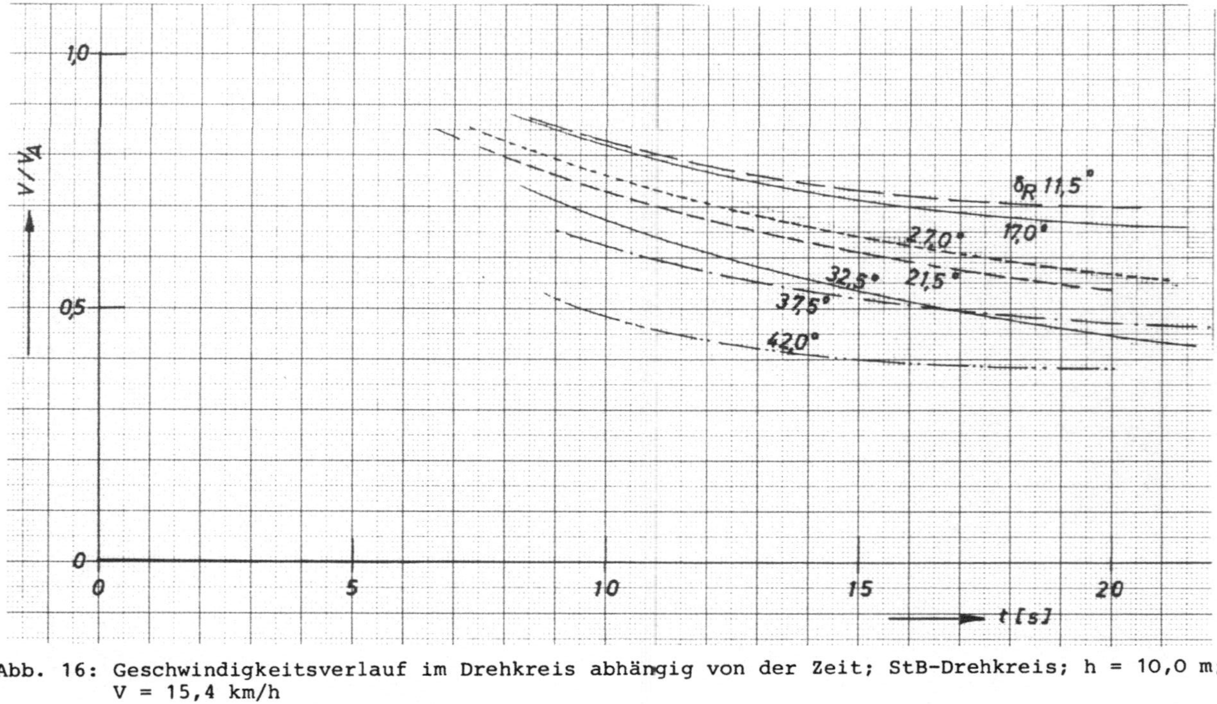

Abb. 16: Geschwindigkeitsverlauf im Drehkreis abhängig von der Zeit; StB-Drehkreis; h = 10,0 m;
V = 15,4 km/h

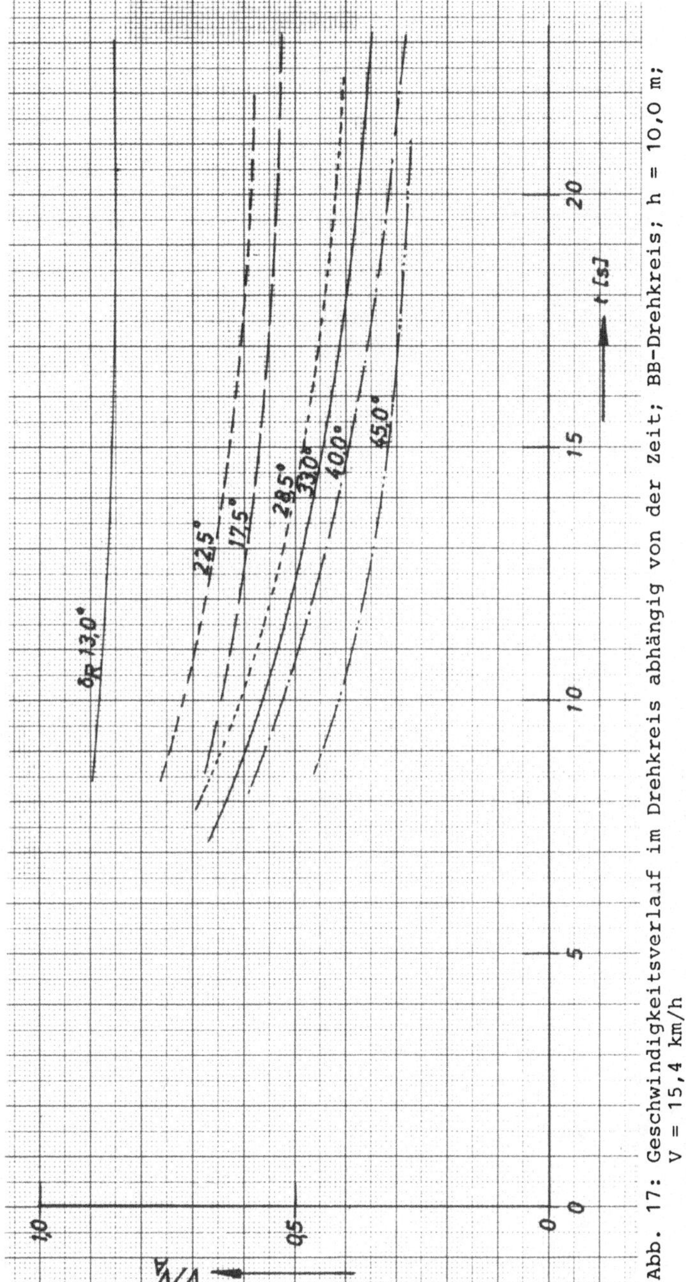

Abb. 17: Geschwindigkeitsverlauf im Drehkreis abhängig von der Zeit; BB-Drehkreis; h = 10,0 m; V = 15,4 km/h

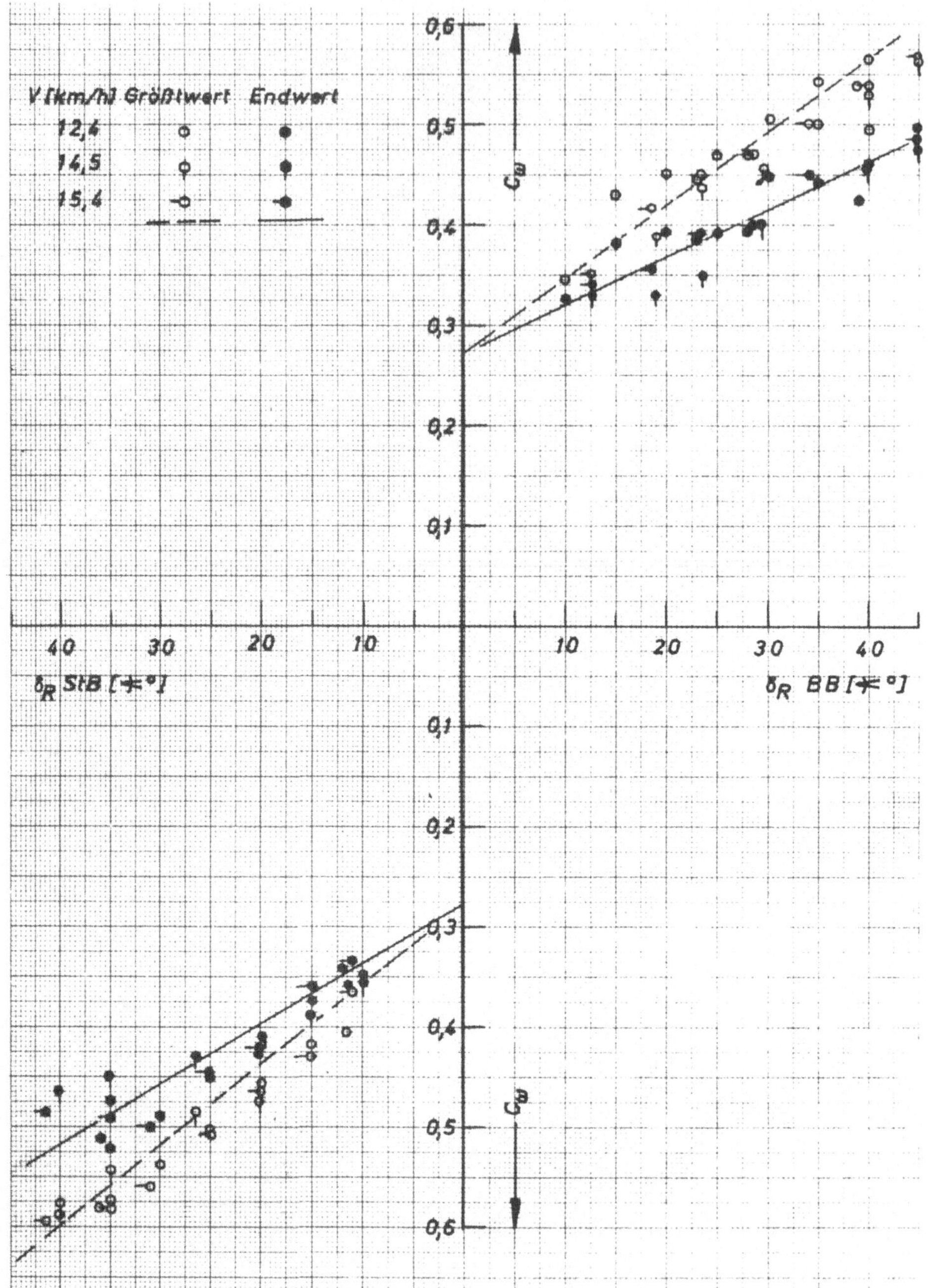

Abb. 18: Drehgeschwindigkeiten im Kreis; h = 5,0 m

58

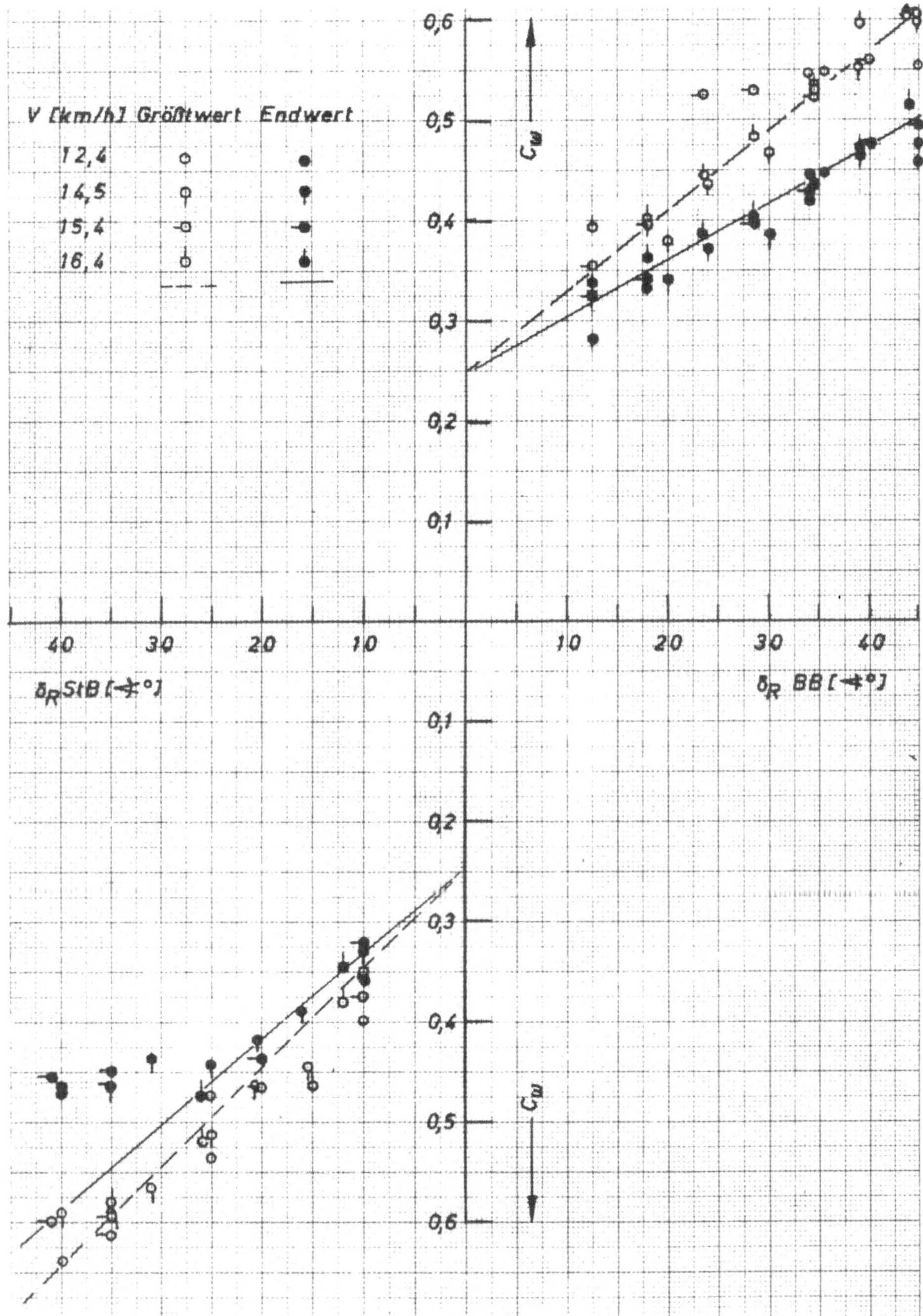

Abb. 19: Drehgeschwindigkeiten im Kreis; h = 7,5 m

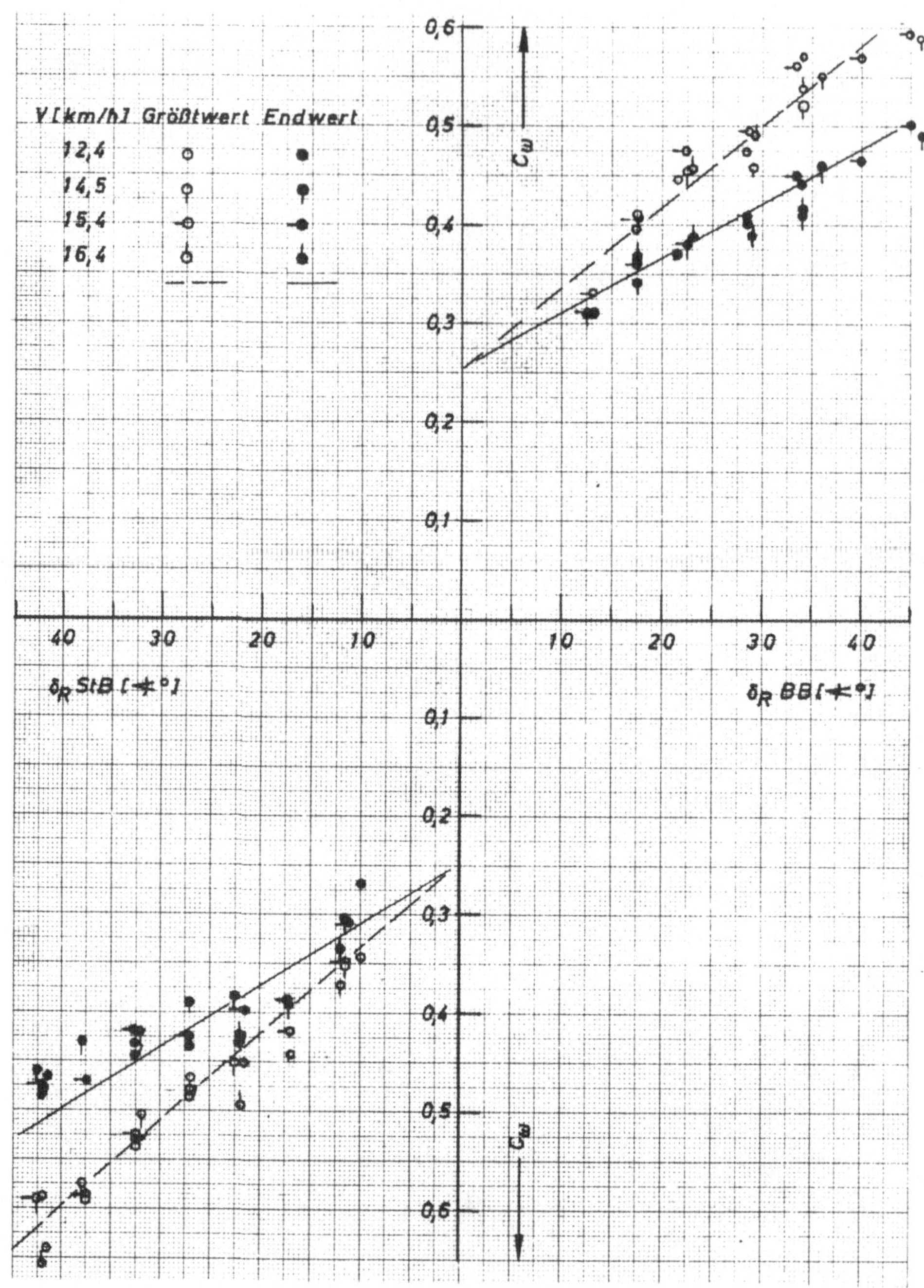

Abb. 20: Drehgeschwindigkeiten im Kreis; h = 10,0 m

60

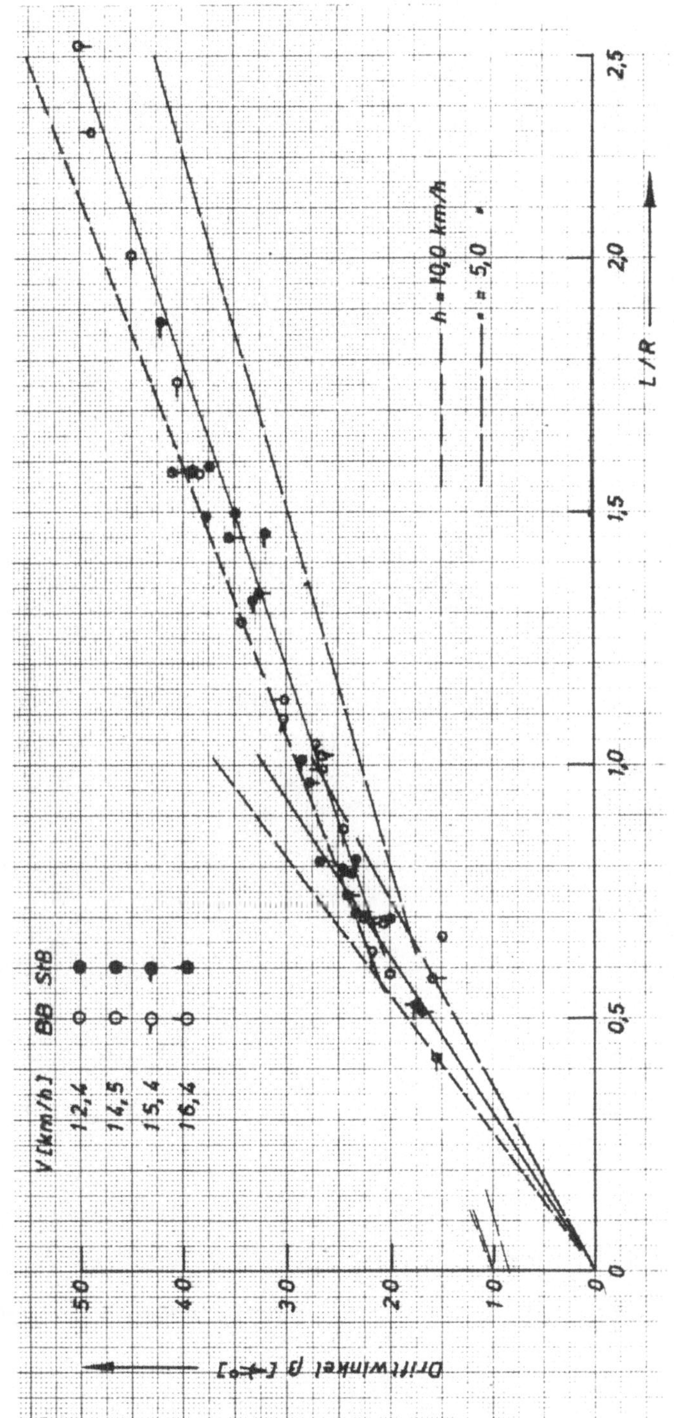

Abb. 21: Driftwinkel im Beharrungszustand. Für h = 7,5 m Meßpunkte. Für h = 5,0 m und h = 10,0 m Mittelwerte gestrakt.

61

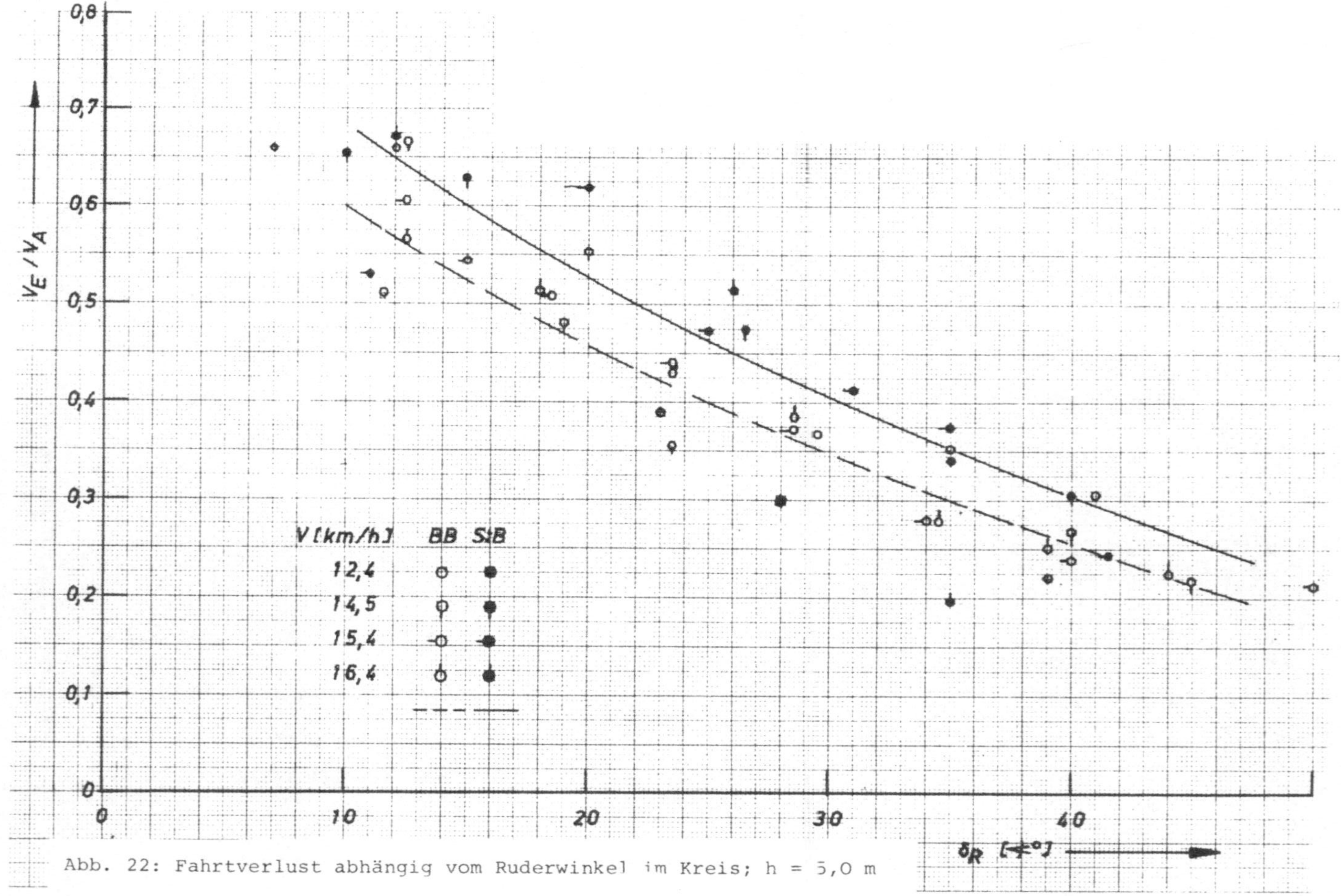

Abb. 22: Fahrtverlust abhängig vom Ruderwinkel im Kreis; h = 5,0 m

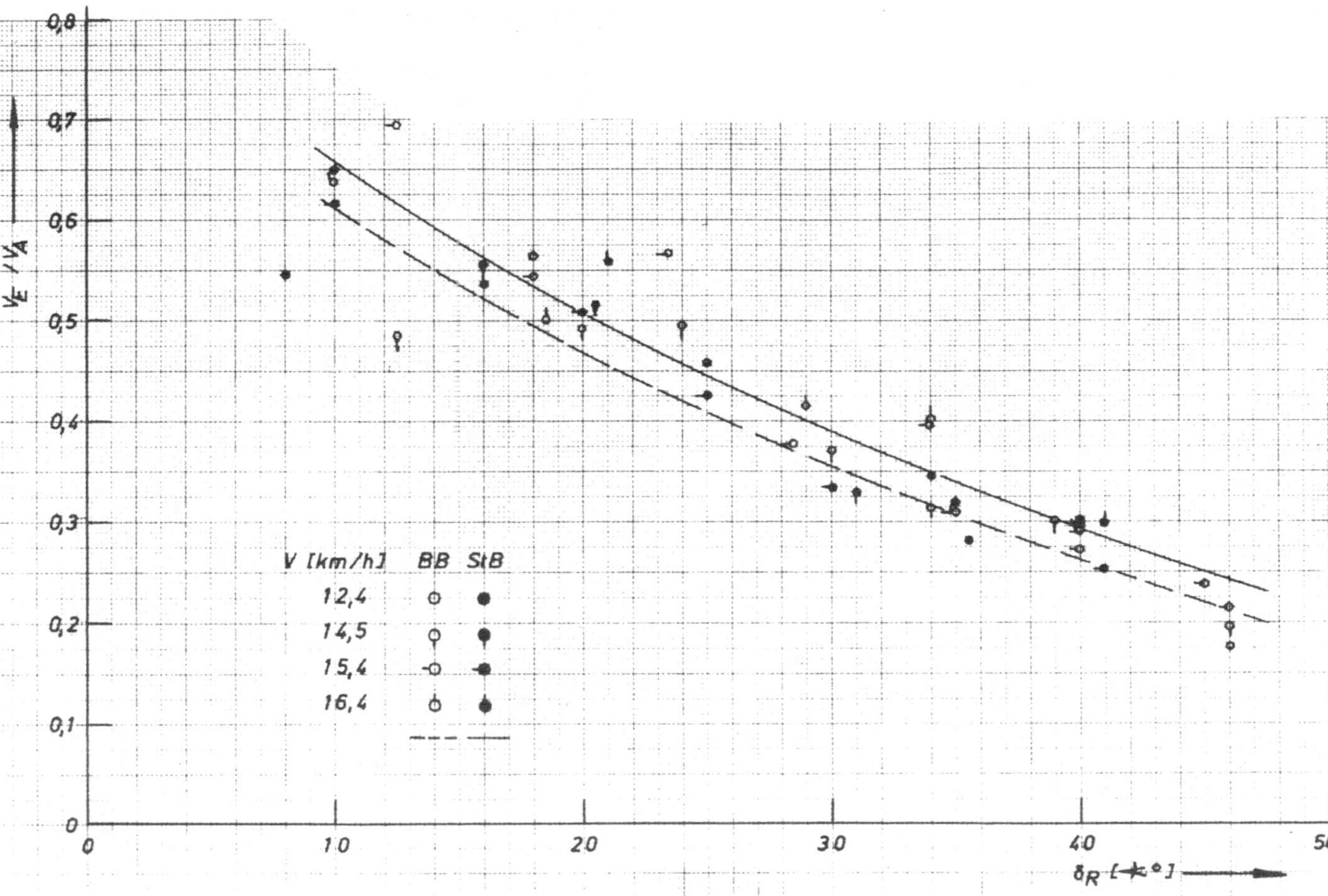

Abb. 23: Fahrtverlust abhängig vom Ruderwinkel im Kreis; h = 7,5 m

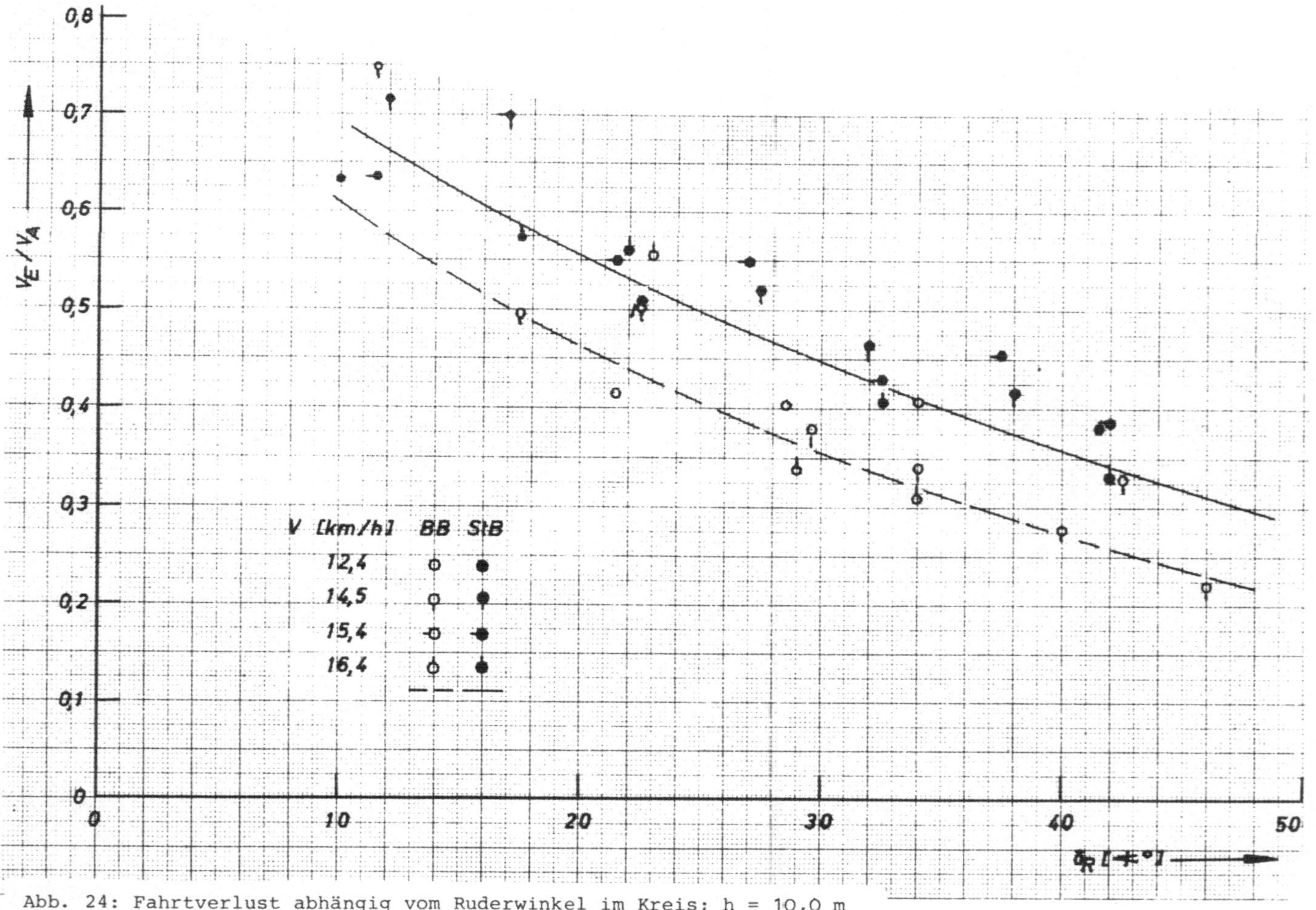

Abb. 24: Fahrtverlust abhängig vom Ruderwinkel im Kreis; h = 10,0 m

64

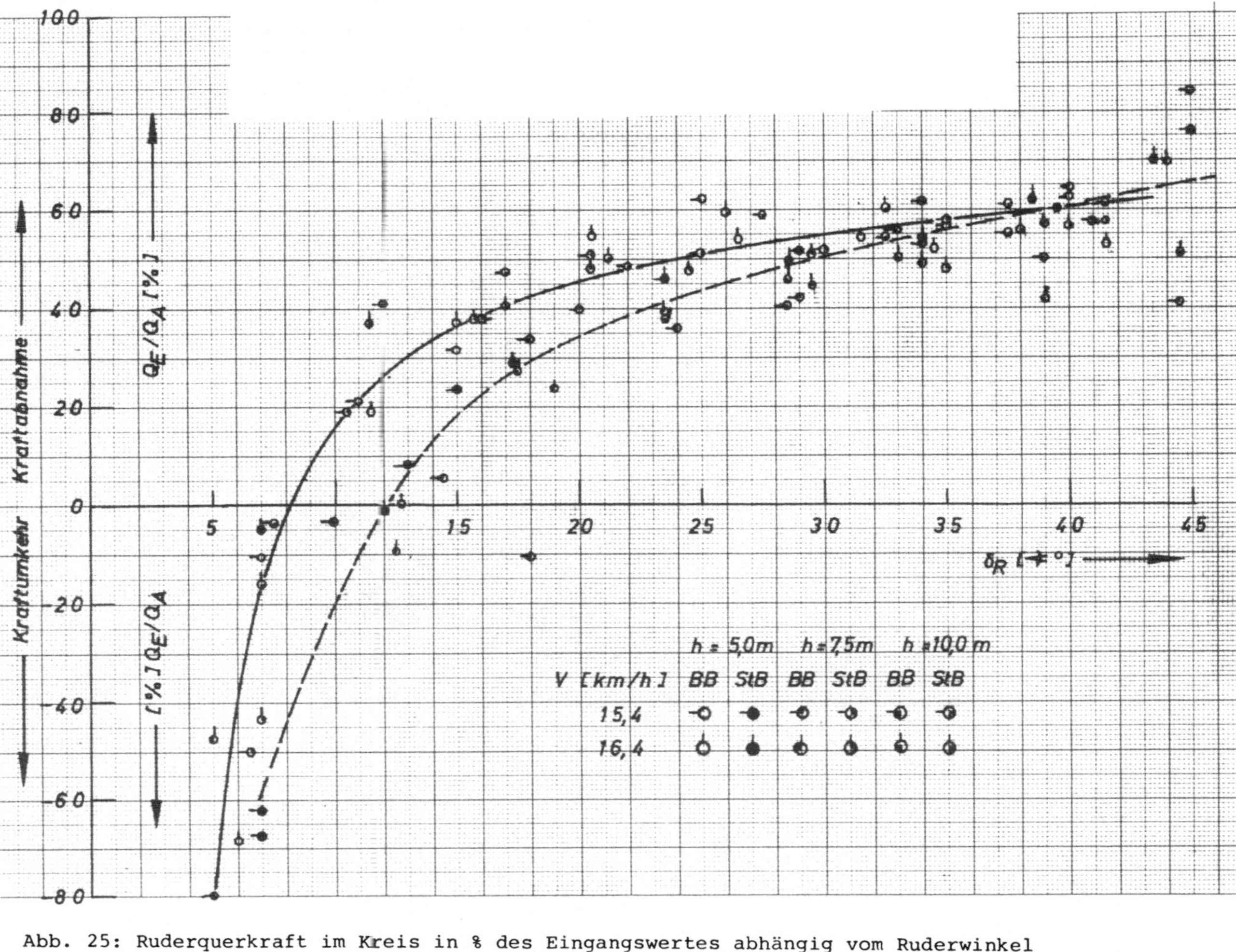

Abb. 25: Ruderquerkraft im Kreis in % des Eingangswertes abhängig vom Ruderwinkel

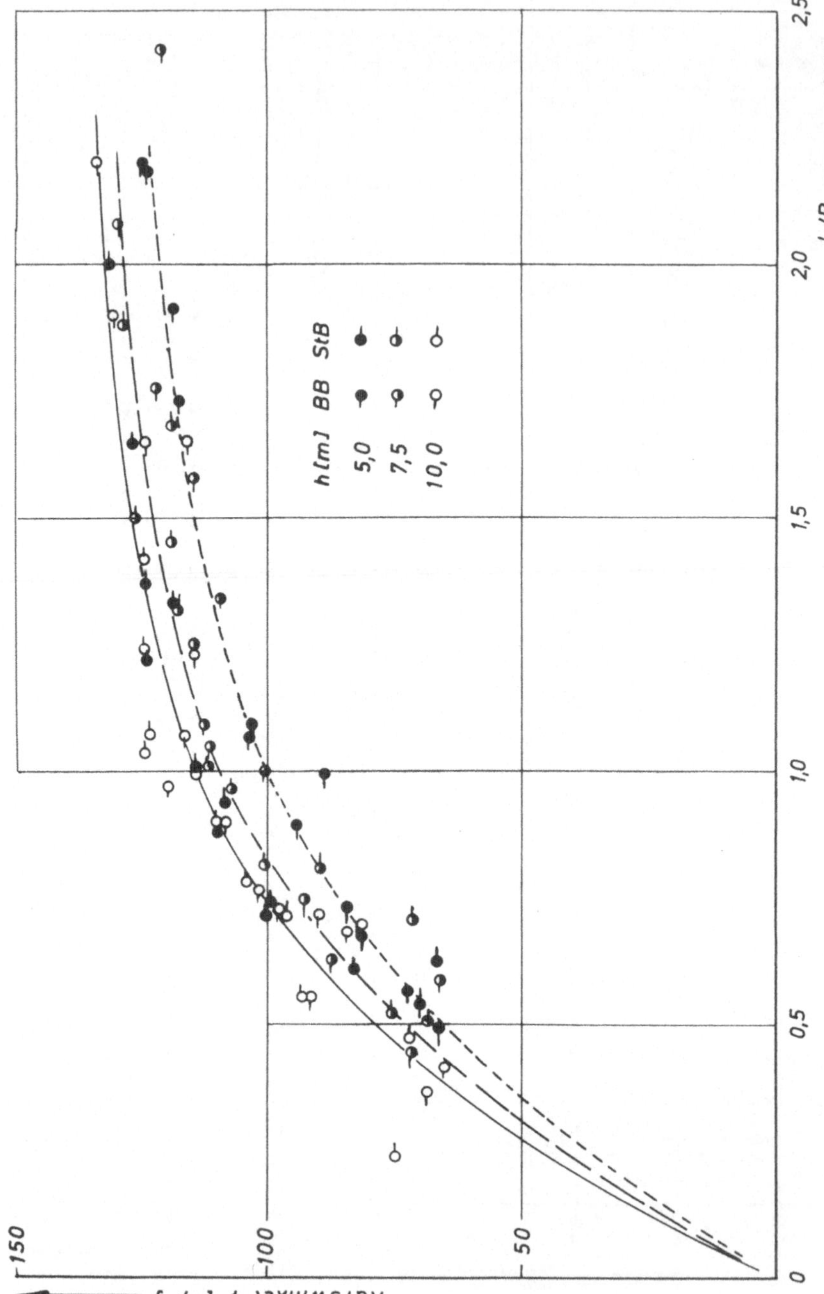

Abb. 26: Kurswinkel beim Erreichen des Beharrungszustandes abhängig von L/R

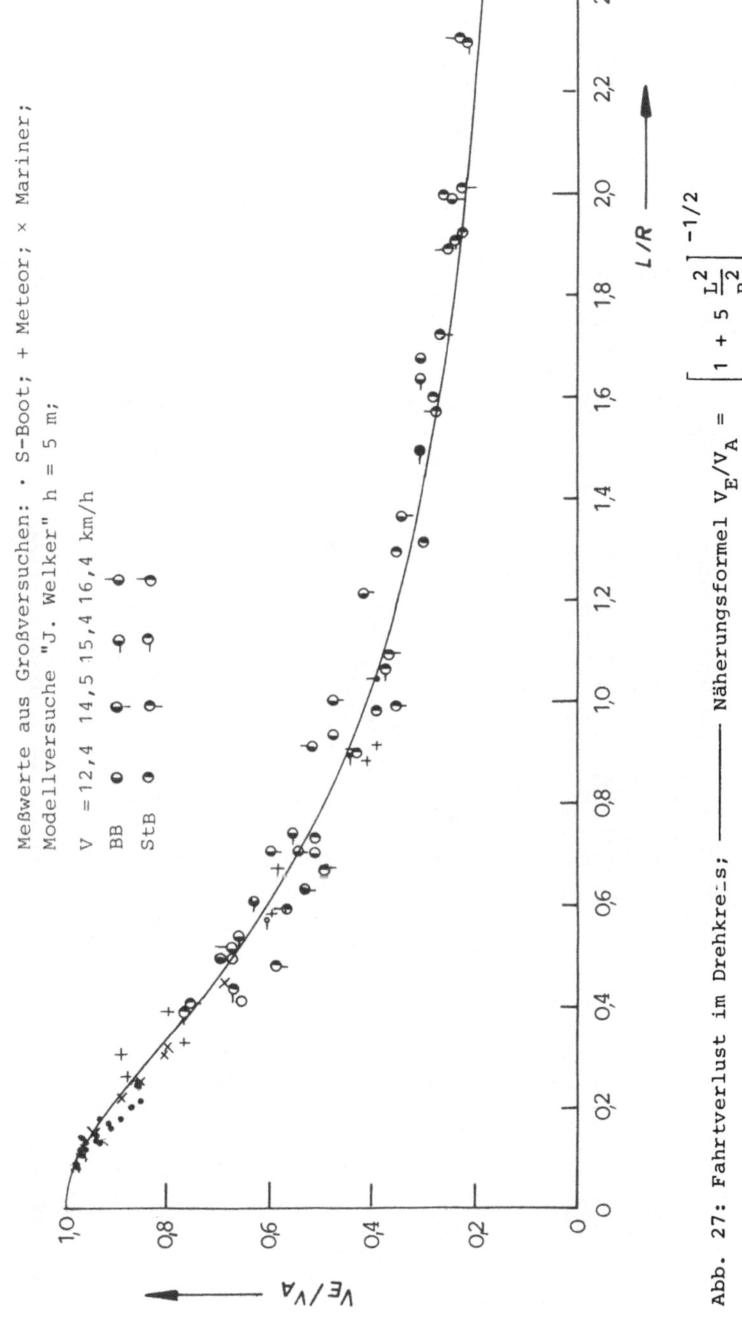

Abb. 27: Fahrtverlust im Drehkreis; ——— Näherungsformel $V_E/V_A = \left[\,1 + 5\,\dfrac{L^2}{R^2}\,\right]^{-1/2}$

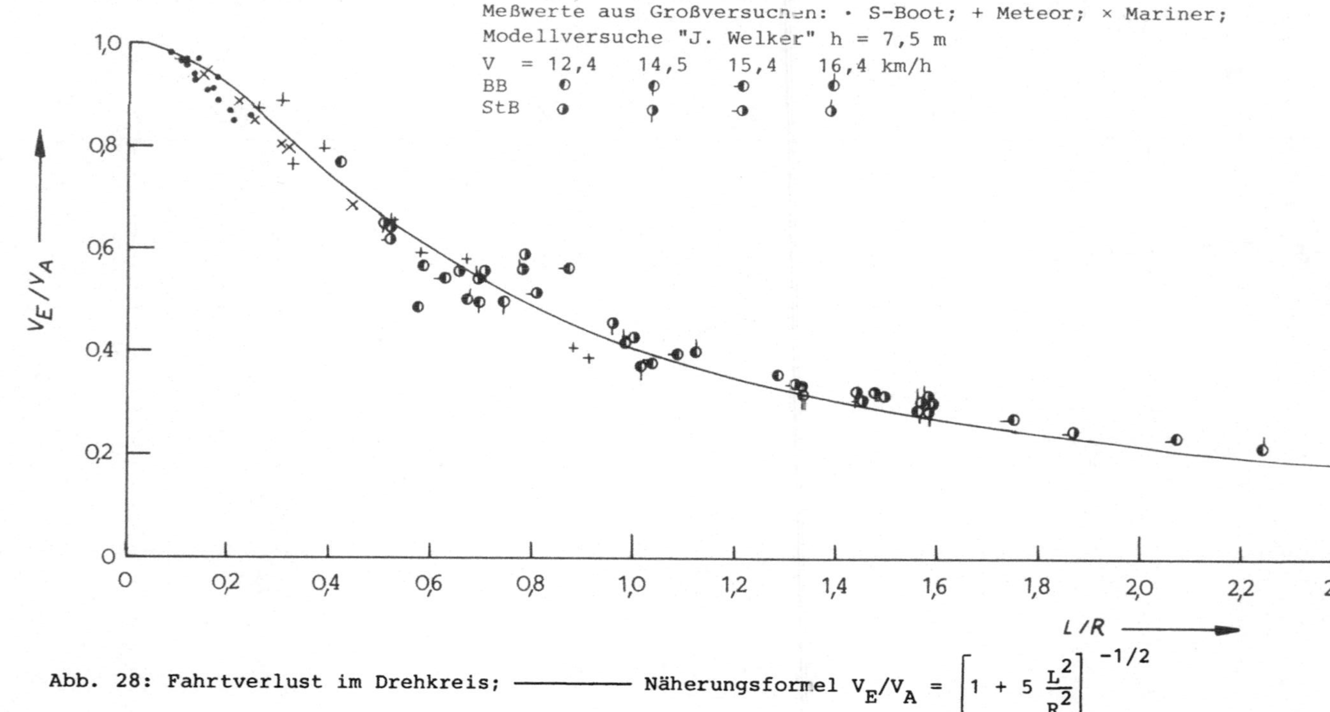

Abb. 28: Fahrtverlust im Drehkreis; ——— Näherungsformel $V_E/V_A = \left[1 + 5 \dfrac{L^2}{R^2} \right]^{-1/2}$

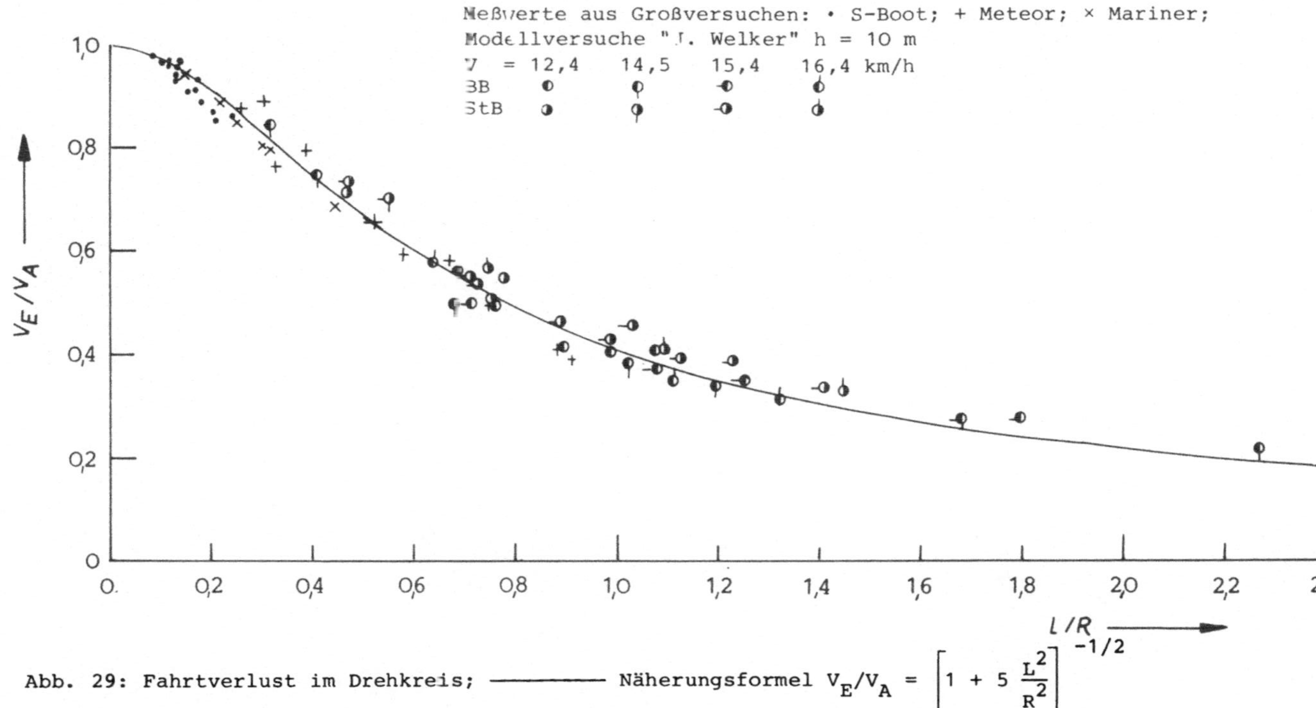

Abb. 29: Fahrtverlust im Drehkreis; ———— Näherungsformel $V_E/V_A = \left[1 + 5\,\dfrac{L^2}{R^2}\right]^{-1/2}$

Forschungsberichte
des Landes Nordrhein-Westfalen
Herausgegeben im Auftrage des Ministerpräsidenten Heinz Kühn
vom Minister für Wissenschaft und Forschung Johannes Rau

Sachgruppenverzeichnis